龚海鸿 著

ANIMAL
ENCYCLOPEDIA

动物百科

黑龙江科学技术出版社
HEILONGJIANG SCIENCE AND TECHNOLOGY PRESS

图书在版编目（CIP）数据

动物百科 / 龚海鸿著 . — 哈尔滨 : 黑龙江科学技术出版社 , 2022.1

ISBN 978-7-5719-1248-2

Ⅰ . ①动… Ⅱ . ①龚… Ⅲ . ①动物—少儿读物 Ⅳ . ① Q95-49

中国版本图书馆 CIP 数据核字 (2021) 第 263009 号

动物百科

DONGWU BAIKE

龚海鸿　著

责任编辑　王化丽

封面设计　仙境设计

出　　版　黑龙江科学技术出版社

　　　　　地址：哈尔滨市南岗区公安街 70-2 号　邮编：150007

　　　　　电话：（0451）53642106　传真：（0451）53642143

　　　　　网址：www.lkcbs.cn

发　　行　全国新华书店

印　　刷　三河市双升印务有限公司

开　　本　787 mm × 1092 mm　1/16

印　　张　29.5

字　　数　260 千字

版　　次　2022 年 1 月第 1 版

印　　次　2022 年 1 月第 1 次印刷

书　　号　ISBN 978-7-5719-1248-2

定　　价　198.00 元

目录

探寻恐龙王国

了解珍稀动物

探秘昆虫世界

寻找飞鸟家园

游览海底世界

窥探动物领地

观察动物建筑

倾听动物语言

解密动物睡姿

概览城市动物园

ANIMAL ENCYCLOPEDIA

探寻恐龙王国

翻开本书，你便会进入一个栩栩如生的动物世界，和形形色色的动物成为
好朋友，在不知不觉中悄然成为动物科普小专家。

恐龙的崛起

恐龙是什么时候出现的？

两亿三千万年前的三叠纪晚期，恐龙刚从某种爬行动物进化而来，成为新兴的物种类群，但随后爆发了一场全球灾难，恐龙幸存下来，并在其后漫长的一亿四千多万年中称霸整个地球。

什么原因引起了那场大灾难？

科学家们提出了很多种可能，有人说是因为小行星撞击了地球，有人说是因为地球内部结构的变化导致了火山喷发。但最终没有一个定论，原因尚在研究之中。

三叠纪时期的恐龙有哪些类别？

这时候的恐龙主要分为两大类：蜥臀恐龙和鸟臀恐龙。

知识小链接

蜥臀类和鸟臀类恐龙主要是以耻骨的形状来区分的。蜥臀类恐龙很多，雷龙、霸王龙、马门溪龙都属于这一类。鸟臀类恐龙也不少，有剑龙、甲龙、肿头龙等。

恐龙的兴盛

恐龙是什么时候开始兴盛的？

三叠纪结束以后，侏罗纪的大门被打开，这个时期恐龙逐渐兴盛繁衍，迅速成为陆地上的霸主，统治着整个地球。

知识小链接

侏罗纪时期不仅有各种各样的恐龙，昆虫的发展也十分繁盛，蟑螂、蜻蜓、甲虫等已经在这个时期生活得如鱼得水了，后来大多数也一直延续到现代。

这个时期恐龙有什么特点？

侏罗纪是恐龙生活的鼎盛时期，不仅出现了像腕龙、雷龙、梁龙这样的大型恐龙，而且天空也逐渐被翼龙所主宰，水中的鱼龙也崭露头角。

侏罗纪时期有哪些耳熟能详的恐龙？

侏罗纪时期存在着一个千姿百态的恐龙世界，有异特龙、角鼻龙、双嵴龙等。

恐龙的衰败

恐龙是什么时候开始衰败的？

由侏罗纪晚期进入白垩纪早期，恐龙的种类和数量达到顶峰，但随后地球上的植物种类发生巨大的变化，恐龙也随之走向衰败。

知识小链接

白垩纪时期霸王龙是陆地上的霸主，这是毋庸置疑的，同时海洋中也存在着同样凶猛的大型食肉恐龙，其中沧龙就是一个典型的代表，它的身长可以超过15米。

白垩纪时期恐龙有什么特点？

白垩纪时期，最值得一提的是陆地上最大的食肉恐龙——霸王龙，它令众多食草恐龙闻风丧胆，一度称霸整个陆地。不过，即使再兴盛的物种最后也逃不过灭亡的命运，包括霸王龙在内的众多恐龙在白垩纪逐渐走向衰败，甚至灭绝。

什么原因使得白垩纪的恐龙走向灭绝？

有人认为宇宙中的一颗巨大的行星撞击了地球，造成了恐龙的灭绝。

恐龙的遗迹

恐龙灭绝以后是否留下什么遗迹？

考古学家曾经在世界各地发掘出大量的恐龙骨骼和牙齿化石，这就是恐龙在地球上存在过的证明，是它们留下的遗迹。

化石的种类只有骨骼和牙齿吗？

骨骼化石和牙齿化石是最容易找到的恐龙化石种类，因为它们质地坚硬，比较容易保存。除了骨骼和牙齿，恐龙的足迹、皮肤、蛋等形成的化石都曾被发现过。

化石是怎么形成的？

恐龙死后遗体沉入水中，渐渐地被泥沙掩埋，经过亿万年的演变，泥沙变成了坚硬的岩石，里面的骨头也随之变成了石头，就成了"化石"。

知识小链接

考古学家们发掘出恐龙化石，对它进行各种检测，经过一系列的复原、推断，就可以猜测和还原恐龙当时的生活情景，所以化石是恐龙留下的"遗书"。

恐龙化石的发现

恐龙化石是怎么被发现的？

大约 190 年前，英国的曼特尔夫妇发现了奇怪的牙齿化石，他们经过多次对比，认定这些牙齿化石属于一种近似鬣蜥的爬行动物，所以将之命名为"鬣蜥的牙齿"。

恐龙是怎样命名的？

"鬣蜥的牙齿"出现以后，科学家们发现了越来越多的恐龙化石，但给它们取的名字都和蜥蜴有关。直到大量的化石"重见天日"以后，科学家们认为它们应该自成一类，于是 1842 年，英国古生物学家欧文将这种爬行动物的拉丁名字命名为"恐怖的蜥蜴"。这个名字翻译成中文就是"恐龙"。

知识小链接

恐龙的英文名字是 Dinosaur，听上去也霸气十足。

恐龙化石的挖掘

恐龙化石的挖掘需要哪些工具？

普通的凿子、锉刀、刷子等都是一些常用的小工具，如果遇到埋藏在坚硬岩石里的化石，还要用到开路机、钻孔机这样的大型工具，甚至会用上炸药。

科学家遇到化石就开始挖吗？

在开始挖掘之前，科学家们会对发现化石的地点做具体的网络分区，在每一块小区域上挖出的化石都要做严格的摄影、记录、测绘工作，这些工作和化石的挖掘同样重要。

怎样搬运化石？

小块的化石可以放进收藏袋中，大块的化石就需要用粗麻布浸泡热石膏液做成的绷带来包裹，有时还需要在裸露脆弱的部分涂上聚氨基甲酸酯泡沫来进行保护，这样搬运时化石才不会受到损坏。

知识小链接

化石的挖掘是一项艰苦的工作，有时需要很多工作人员花费数月才能共同完成。

肉食恐龙霸主——霸王龙

你知道吗？

霸王龙又称暴龙，是暴龙科的一种。它的咬合力在所有陆地生物中排第一，也是体型最粗壮的肉食恐龙。它站起来能有 5 米，身长可以达到 14 米，体重达 9 吨。

霸王龙长什么样？

霸王龙有很大的头骨，脑容量很大，是一种聪明的恐龙。它的两个前肢很短小，有两个手指，两条后腿强壮有力，每只脚上有三个脚趾，它平时用两条腿走路，奔跑起来速度很快。霸王龙的牙齿整整有 60 颗，而且每颗都锋利无比，能够轻易将猎物撕碎。

霸王龙是群居恐龙吗？

霸王龙是一种独居的恐龙，不喜欢和其他的恐龙分享领地。

霸王龙

知识小链接

暴龙科的恐龙是出现最晚也是最大的肉食恐龙，这一科的主要成员有特暴龙、阿尔伯托龙、霸王龙、蛇发女怪龙等。

霸王龙吃什么？

长着那么锋利的牙齿可不是摆设，霸王龙是绝对的肉食动物。平时我们在电视里看见的霸王龙总是攻击大型食草动物，科学家们研究发现，它其实更喜欢整吞较小的幼龙。

霸王龙短小的前肢有什么用？

霸王龙的两个前肢相对于身体来说太细小了，根本摸不到嘴巴，也摸不到脚，它的作用只是用来保持平衡，缓解巨大的头部和身体形成的不协调。

霸王龙那么大，奔跑一定很吃力吧？

霸王龙的体型虽然庞大，但你别认为它很笨重，其实它的骨头都是中空的，减轻了不少重量，所以它奔跑起来十分轻捷。

知识小链接

霸王龙

霸王龙到底有多大呢？光看数字可能没什么概念，光是它的一颗牙齿就有一个成年男性的小腿那么长了！

掠食专家——异特龙

你知道吗?

异特龙是侏罗纪晚期最厉害的恐龙。它一般身长可以长到 9 米,体重最重 3.6 吨。虽然它没有暴龙的体型那么大,但掠食性可一点儿不比暴龙差。

异特龙长什么样?

异特龙的两条后腿也是十分强健有力的,它的两个前肢也相对比较小,这和暴龙的特征相似。但它的前肢有三个带弯钩的手指,牙齿向后弯曲,而且有 70 颗。

我们怎样分辨异特龙?

异特龙的眼睛上方有一对骨质的突起,称为"角冠",是跟其他恐龙做区分的标志。

异特龙

知识小链接

异特龙的头骨是由好几块分开的骨头组成的,骨头之间有活动关节,可以打开,所以它的大嘴张开来尤其吓人,可以吞下很大的猎物。

异特龙怎样捕食？

异特龙捕食的时候会群体合作，喜欢选择适当时机伏击猎物。

异特龙有什么本领？

异特龙的耳朵内部的结构和鳄鱼有点相似，所以它有可能会听到低频率的声音。它的两个前肢要比暴龙的长一些，而且带有三个锋利的钩子，可以轻易地勾住、撕碎猎物。

异特龙的化石多吗？

人们迄今为止发现的异特龙的化石很多，各个年龄层的化石都有，最小的是在科罗拉多州发现的一颗压碎的恐龙蛋。科学家们对这些化石进行分析得出结论，猜测异特龙大概能活到 22 ~ 28 岁。

异特龙

知识小链接

科学家们认为，性情凶猛的异特龙会养育自己的后代，它们会将猎物带回巢穴给小异特龙吃，还会小心隐藏食物的踪迹，以防被其他食肉恐龙找到。

镰刀一样的"指甲"——重爪龙

你知道吗？

重爪龙虽然也是肉食恐龙，但跟霸王龙、异特龙比起来，它可没那么嗜血贪婪。

重爪龙有武器吗？

重爪龙虽然不特别嗜血，但它也有一件吓人的武器，它前肢上的三根手指粗壮有力，而且拇指特别粗壮，有一个 30 厘米的钩爪，像镰刀一样。

重爪龙的爪子有什么用？

重爪龙生活在水边，喜欢吃鱼，它那镰刀一样的钩爪是用来捕鱼的最佳工具。它像灰熊一样很容易就能抓到鱼，然后叼回岸上慢慢享用。

重爪龙

知识小链接

重爪龙像镰刀一样的利爪是被一位叫威廉·沃克的业余收藏家挖到的，刚挖出来时，他自己也被惊呆了，因为这只钩爪足足有 30 厘米长。古生物学家们为了纪念这一发现，将这种恐龙命名为"沃克氏重爪龙"，就是我们所说的重爪龙。

重爪龙长什么样？

重爪龙大约有 10 米长，3 米多高，后肢强壮，尾巴很长，用来平衡身体。

重爪龙喜欢吃什么？

人们在重爪龙的胃里发现过鱼鳞、鱼骨的化石，所以它是以鱼为主食的恐龙。但在它的胃里还发现过小禽龙的碎骨头，所以它应该也吃恐龙尸体。

重爪龙有攻击性吗？

重爪龙的牙齿是圆锥形的，不像异特龙的牙齿那样锋利无比。它的嘴巴是长形的，不能张得很大，所以它不是十分适合当掠食者，但是它的利爪足以杀死植食恐龙，将其肉撕成碎片。

重爪龙

知识小链接

但凡肉食恐龙，牙齿必定多而锋利，但重爪龙喜欢吃鱼，它的牙齿也是为此"量身定做"的，上颌有 32 颗，下颌有 64 颗，嘴巴里一共紧紧排列了 96 颗牙齿。

装甲"坦克车"——甲龙

你知道吗?

甲龙是所有恐龙中身体最宽的了，最宽可达到 5 米。

甲龙长什么样?

甲龙的四条腿很短，但比较粗壮，用于支撑整个身体。它的脖子很短，身体很宽，身高在 1 米左右，体长能达到 10 米。它的头、脖子、身体两边都长着厚厚的骨质甲片，看上去就是一副厚实的盔甲。

甲龙的速度快吗?

甲龙披着厚厚的"战甲"，十分笨重，只能用四肢在陆地上缓慢地爬行，跟我们现在的坦克有点像，所以它还有一个名字叫坦克龙。

甲龙

知识小链接

甲龙虽然穿着"战甲"，可同时这也使它非常热。不过它有绝招，将鼻腔进化成曲曲折折的"通道"，吸进去的空气能降到 20℃，这样它就能避免脑袋过热了。

甲龙的盔甲是什么样子?

甲龙的皮肤非常厚实,就好似一层软甲。它全身的骨质甲片上都布满了脊突,从臀部上方一直延伸到尾巴都长满了尖刺,身体的两侧也各有一排尖刺,除此之外头上还有一对角。

甲龙的盔甲厉害吗?

甲龙的盔甲能有效地防御一般中小型食肉恐龙的攻击,使它们无从下口。不过要对付大型食肉恐龙的话就有点力不从心了,不过幸好它与大型恐龙"见面"的机会并不多。

除了盔甲以外,甲龙还有别的"武器"吗?

甲龙的尾巴上连着一个大"鼓槌",这个"鼓槌"由好几块甲板组成,具有一定的攻击性,能够在防御的同时给对手的骨头造成重击,是一种很好的防御武器。

甲龙

知识小链接

甲龙的"鼓槌"和尾巴之间的连接处其实是很脆弱的,要是对付霸王龙这种超级猛兽的话,很快就会折断,所以这个"鼓槌"只能对中小型食肉恐龙造成重击。

长脖子巨怪——腕龙

你知道吗？

腕龙身体巨大，是侏罗纪晚期的大型植食性恐龙之一。

腕龙长什么样？

成年腕龙长 25 米，可以长到 15 米高，长得有点像长颈鹿，前腿比后腿长，以支撑它长长的脖子高高地向上仰起。它的尾巴又长又粗，脑袋小小的。

腕龙吃什么？

腕龙的牙齿平直锋利，而且脖子够长，所以它喜欢仰起头吃树梢上的嫩叶子，这是一般食草恐龙可望而不可即的美食。不过要支撑这么大一个身体的日常消耗，它每天需要吃掉 1500 千克的食物才能生存。

腕龙

知识小链接

腕龙到底有多大呢？如果让爸爸站在它的身前，他的头顶只能达到腕龙的膝盖。

腕龙怎么吃东西？

腕龙吃东西很有趣，是整块整块往下吞的，大概是因为它每天需要拼命吃，连嚼树叶的时间也没有。

腕龙是群居动物吗？

腕龙喜欢群居在一起，成群结队地外出觅食，它们每天浩浩荡荡地在大草原上寻找新鲜的树叶，场面十分壮观。

腕龙的头为什么那么小？

侏罗纪的气候温暖潮湿，植物大量生长，这给腕龙提供了充足的食物。但腕龙要吃的东西实在太多了，它们吃完这里的树叶马上伸长脖子够远处的，小脑袋有利于它在树枝上灵活地摘取树叶，如果长个大脑袋的话，移动就相当不便啦！

腕龙

知识小链接

腕龙并不像有些恐龙那样会筑巢养育自己的宝宝，它们不是合格的父母，连生蛋都是一边走一边生的。

恐龙中的智者——伤齿龙

你知道吗？

一开始伤齿龙被认为是一种蜥蜴，后来又被认为是一种很笨的恐龙，最终研究发现，它不仅不笨，而且是恐龙中最聪明的。

伤齿龙长什么样？

伤齿龙体型较小，大约能长到 1 米高，身长能长到 2 米。它拥有像鸟类一样的腿和爪，可以收起来。

为什么伤齿龙是恐龙中的智者？

虽然伤齿龙的体型不算大，但它的脑袋跟身体比起来是绝对大的，比其他恐龙的脑袋占身体的比重大很多，所以它的脑容量是很大的，非常聪明。

伤齿龙

知识小链接

伤齿龙的眼睛特别大，而且长在脑袋稍微往前的位置，这和大多数恐龙是不一样的，所以它能够更多地感知周围的事物，也能在夜间活动和捕食。

伤齿龙有多聪明？

伤齿龙的智力水平大概和今天的鸟类差不多。我们现在看到的鸟类是十分聪明的，有的善于建造美丽结实的窝，有的善于模仿各种声音，而伤齿龙在 1.4 亿年前就拥有这么高的智商，是非常难得的。

伤齿龙是怎么产卵的？

伤齿龙喜欢把卵产在柔软的沙地里，或者是沼泽地，再或者产在刚刚干涸的湖底淤泥里。产卵的时候它们蹲坐下来，将卵深深地插入泥地里，有时还会用沙子掩盖好藏起来。

伤齿龙

伤齿龙可以活多久？

伤齿龙死亡时的平均年龄为 3～5 岁，寿命不是很长。

知识小链接

伤齿龙的脚上有钩爪，手臂前端有手指，所以科学家起初认为它是食肉恐龙。但后来的研究发现，它的牙齿像叶子，有锯齿边缘，这又是植食恐龙的特征，因而伤齿龙应该是杂食性恐龙。

恐龙中的愚者——剑龙

你知道吗？

剑龙是一种典型的生活在侏罗纪晚期至白垩纪的大型食草恐龙之一，也是侏罗纪时期数量较多的恐龙。

剑龙长什么样？

剑龙长达 6 米，背上长着两排巨大的骨板，如果算上背上的骨板它的高度可以达到 3.5 米，它的身形就像一座隆起的小山，尾巴上还有两对骨棘。

为什么剑龙很笨？

剑龙有一个庞大的身躯，但相比之下，它的头却小得可怜，只占身体的一小部分。它的大脑更是小得出奇，只有一个核桃那么大，所以科学家们判定，剑龙是非常笨的。

剑龙

知识小链接

剑龙是一种群居性的恐龙，它们喜欢和其他植食恐龙一起游荡在植物茂盛的草原上。

剑龙的骨板有什么用？

剑龙的背上交错排列着大大小小 17 块骨板，这些骨板没有长在最需要防御的肚子上，而是长在背上，所以不能起到防御的作用。后来人们普遍认为，剑龙的骨板是用来调节体温的，可以晒太阳取暖，也可以吹风散热。

剑龙尾巴上的骨棘有什么作用？

剑龙尾巴上的骨棘是它的防御武器，它在与敌人较量时，通常用后腿站立住，用前腿来移动身体，旋转着用骨棘打击敌人。

剑龙吃什么？

剑龙的牙齿很小，而且是三角形的，没有研磨的功能，所以剑龙吃东西时不咀嚼，直接吞下苔藓、蕨类植物、苏铁、松柏等食物，还会吞下一些石头帮助消化，这些石头叫作"胃石"。

剑龙

知识小链接

剑龙的骨板不是长在骨骼上的，而是长在皮肤上，最大的骨板长在它的臀部上方。

食草恐龙中的猛将——三角龙

你知道吗？

三角龙是我们熟知的最著名的恐龙之一，它的化石经常作为白垩纪晚期化石的代表。

三角龙长什么样？

三角龙长 8 米，高能长到 3 米左右，它是一种中等体型的恐龙，用强壮的四肢走路。它最明显的特征是头上的三只角和围绕脖子长的一圈像扇子一样的东西，叫"头盾"。

三角龙是群居恐龙吗？

在角类恐龙的化石发现地点，通常会有数十个甚至上百个同类，所以古生物学家们推断三角龙是群居恐龙。

知识小链接

三角龙是较晚出现的植食恐龙之一，它和霸王龙生活在同一个时代。

三角龙

三角龙的角有什么用？

三角龙的头很大，在鼻子上方长有一只稍微小一点的角，眼睛的上方长着一对大一些的角，这跟我们现在看到的犀牛有几分相似，这三只角是三角龙很重要的武器，打架时谁要是挨上一下可不好受。

三角龙的头盾有什么作用？

在三角龙的头后方，长有一大片扇形的骨质头盾，这片头盾非常坚硬，很好地护住了容易受伤的脖子。

三角龙吃什么？

三角龙的头部相对于身体来说长得比较矮，所以它们只能吃比较低矮的植物。它有鸟喙一样的嘴巴，很适合啄食、撕扯，而不善于啃咬。

三角龙

知识小链接

犀牛的角是长在皮肤上的，而三角龙的角则是"真枪实弹"的骨骼，具有很大的杀伤力，就连霸王龙也要怕它三分。

戴着厚帽子的恐龙——肿头龙

你知道吗？

肿头龙的头骨化石十分稀少，目前只发现过一个头骨和一些头顶的碎片。

肿头龙长什么样？

肿头龙能够长到 5 米长，两条后腿很粗壮，有一条长长的尾巴。它最奇特的地方就是头顶肿起一个"大包"，所以人们叫它"肿头龙"。除此以外，它的脸上和嘴巴上都长了好多骨质小瘤，非常有趣。

它的"肿头"有防御作用吗？

肿头龙的头顶很厚，是一层 25 厘米厚的圆弧形骨板，它可能只在争夺异性的打斗时，派上用场，并不能起到防御的作用，在遇到食肉恐龙袭击的时候，它会选择立刻逃跑。

肿头龙

知识小链接

目前唯一一个保存完好的肿头龙头骨是 1974 年在蒙古被发现的。

肿头龙是群居恐龙吗？

肿头龙可能喜欢群居在一起，在选头领的问题上，它们通常用撞头的办法来一决胜负。

肿头龙吃什么？

肿头龙的牙齿是锯齿状的，很锐利，能切割植物，但不能磨碎它，所以人们推测它可能吃树叶、种子、水果，可能还会吃昆虫。

肿头龙生活在什么样的环境里？

肿头龙生活在8千万年前的蒙古高原上，和肿头龙生活在同一时期的植物都是一些耐旱植物，所以科学家们推断肿头龙生活的环境很干燥，甚至还有点沙漠化。

知识小链接

肿头龙的尾巴上有骨化的肌腱，因而它能让尾巴保持又直又硬。

肿头龙

恐龙中的"巨人"——梁龙

你知道吗?

梁龙是我们熟知的恐龙之一,是侏罗纪末期的一种体型巨大的植食性恐龙。

梁龙长什么样?

梁龙什么部位都大——巨大的身体、巨大的尾巴、巨长的脖子、巨粗的四肢,它的长度可以达到 30 米,但一眼看去它的尾巴和脖子占了相当大的比重,所以它体型虽然巨大,但体重却不是最重的。

梁龙吃什么?

如果梁龙想吃高处的叶子,它就会用两只后腿站立起来,伸长脖子去够,所以它能吃到离地面10 米以内的植物。而且它的嘴巴里有楔形牙齿,也可能吃到水里的植物。

梁龙

知识小链接

梁龙的脖子虽然很长,但它并不能抬得很高,也不能自由弯曲,相比之下向左右移动是非常灵活的,这有利于它在同一个高度内吃到更多的树叶。

梁龙有什么"武器"吗？

梁龙前肢内侧的脚趾上有一个锋利的爪，是保护自己的武器，此外它最有力的武器就是它的长尾巴了，可以用来鞭打敌人。

为什么梁龙的尾巴很厉害？

梁龙的尾巴其实是加强型的"武器"，它的尾巴中间每一节尾椎骨上都有两个人字骨的延伸构造，这种"双梁"构造可以保护尾巴上的血管，所以它的尾巴是十分强健有力的。

梁龙的脖子和尾巴为什么不会断？

相对于梁龙的身体来说，它的脖子和尾巴实在太长了，看上去很容易断的样子。不过别担心，它的脖子由15块脊椎骨组成，尾巴更是有70块之多，构造十分精密，根本没有我们想象中那么脆弱。

知识小链接

人们挖掘出来的梁龙的化石很多，所以它是恐龙当中被研究得比较多的一种，也是我们较熟悉的一种恐龙。

梁龙

会"骗人"的恐龙——迷惑龙

你知道吗?

迷惑龙是生活在侏罗纪的大型植食恐龙的一个种属,它的成员主要有埃阿斯迷惑龙、秀丽迷惑龙、路氏迷惑龙和小迷惑龙。迷惑龙曾经一度和雷龙混为一谈,现已证明它们其实是两种不同的恐龙。

迷惑龙名字的由来?

迷惑龙的希腊语名称原意是"骗人的蜥蜴",原因是它的人字形骨与其他恐龙不太一样,而跟海生爬行动物沧龙相像,所以人们称它为"迷惑龙"。

迷惑龙长什么样?

迷惑龙可以长到 21~ 23 米长,如果算上它的臀部,高度是 4.5 米,如果它站立起来,6 米长的脖子和 9 米长的尾巴看起来简直就是耸入云霄的高楼,十分壮观。

迷惑龙

知识小链接

迷惑龙虽然也有长脖子和长尾巴,但和梁龙比起来要短一些,也较粗重,而四肢则比梁龙结实,所以迷惑龙整体看上去要比梁龙粗壮些。

迷惑龙是群居恐龙吗？

科学家们发现过迷惑龙成群的脚印化石，所以他们推断迷惑龙是一种群居性的恐龙，喜欢待在一起觅食。

迷惑龙吃什么？

迷惑龙是植食性的，科学家推断它的脑袋不会升高太多，因为那样会使血液流通成问题，它可以吃到树顶的树叶，也可以将头探到水下找东西吃。为了消化食物，它们有时会吞下一些胃石。

迷惑龙怎样保护自己？

迷惑龙没有骨板之类的防御武器，也没有"鼓槌"之类的进攻武器，它的防御只能靠庞大的身形，而且它们也会群体合作来防御敌人。

迷惑龙

知识小链接

迷惑龙的尾巴很长，而且末端极细，可以用来平衡身体。科学家们通过对它尾巴的计算机仿真实验发现，它的尾巴可能会发出很大的声响，与大炮相当。

恐龙中的好妈妈——慈母龙

你知道吗？

慈母龙的拉丁文名字意思是"好妈妈蜥蜴"，顾名思义，它是恐龙当中最好的妈妈了。

慈母龙长什么样？

慈母龙的长度可以达到 9 米，它的前腿比后腿略短些，可以用四条腿走路，奔跑的时候喜欢用两条后腿，而且跑得很快。

慈母龙有什么"武器"吗？

慈母龙有一条强壮的尾巴可以防御掠食者的进攻，除此之外它没有什么别的武器了，所以它们就利用群体优势逃避敌害。有时它们能结成一个数量上万的群体，生活在这样的群体里想来是十分安全的吧。

慈母龙

知识小链接

慈母龙有一些鸭嘴龙科的特征，比如它有喙状的嘴，里面没有牙，嘴巴里面的两侧才有牙。它的鼻子厚厚的，脸看起来就像鸭子。

为什么慈母龙是好妈妈?

人们不仅发现了慈母龙的巢穴遗址,而且发现有些年幼的小恐龙牙齿已经有咀嚼食物的痕迹,然而它们的四肢都没有发育完全呢,可以推断必定是妈妈将食物带回巢穴喂给宝宝的。所以慈母龙并没有像现在的爬行动物那样生了蛋就走开,而是十分精心地养育后代,可以称得上是一位好妈妈了。

慈母龙是怎样照顾宝宝的?

慈母龙会在泥地里挖一个坑当巢,在里面铺上柔软的树叶,它们可能会坐在窝里孵蛋,小恐龙出生以后,它们会衔回食物来给宝宝吃。当妈妈需要外出的时候,别的成年恐龙会负责照看宝宝。直到小恐龙能自己外出觅食了,它们才会离开巢穴。

慈母龙

知识小链接

慈母龙每窝会产 18 ～ 40 枚蛋,蛋像柚子一样大小。小恐龙孵出来以后,每天要吃掉几百斤的嫩树叶,慈母龙不辞辛苦地衔回来,真是十分称职。

会喷射毒液的恐龙——双冠龙

你知道吗？

双冠龙又叫双脊龙，它是一种食肉恐龙，但它喜欢吃腐肉。

双冠龙长什么样？

双冠龙的长度达6米，站立起来有2.4米高，它最明显的特征是头顶有一对很薄的头冠，十分容易辨认，所以人们叫它"双冠龙"。

双冠龙的头冠可以用来防御吗？

双冠龙的头上由前往后长了一对半圆形的骨质薄片，称为"头冠"。科学家的研究表明，这一对头冠实际上是相当脆弱的，根本不能用来防御，顶多只能算是一种视觉辨识物，告诉别人"我是双冠龙"。

双冠龙

知识小链接

双冠龙的头冠不仅不能用来防御，如果打斗中对方咬到了它的头冠，它还会感觉疼痛呢！所以它有时候宁愿放弃猎物，也不愿冒险受到伤害。

双冠龙吃什么?

双冠龙的牙齿比较长,但齿根短,这样的牙齿不适合捕杀猎物,所以科学家推断双冠龙喜欢吃腐肉。

双冠龙只吃腐肉吗?

双冠龙是一种很懒惰的恐龙,有腐肉吃它肯定是最开心的,如果实在饿极了又恰好有个不太大的动物出现的话,它倒是愿意扑上去试试运气。

双冠龙怎么捕食?

双冠龙在捕食的时候喜欢先向对方喷射毒液,使对方失去知觉,然后再慢慢享用美餐。

知识小链接

双冠龙的毒液给人留下了深刻的印象,常出现在影视作品中,成为会喷射毒液的恐龙的一个典型代表。

双冠龙

最早出现的巨型植食恐龙——板龙

你知道吗？

板龙是三叠纪晚期的一种古老恐龙，也是第一种大型的植食恐龙。

板龙长什么样？

在板龙出现以前，陆地上的动物体型都不大，板龙在当时算是巨型恐龙了。它的长度可以达到 6 ~ 10 米，跟一辆公共汽车差不多大。它的后腿和尾巴都很粗壮，前肢虽然很短小，但有灵活的五趾，可以抓东西。

板龙喜欢怎么走路？

板龙喜欢用四条腿走路，但当它们想吃高处的树叶时，也有可能用两条后腿站立起来。

板龙

知识小链接

　　三叠纪时期的恐龙被人们关注得不多，板龙是这个时期的一个典型的代表，它常和霸王龙、三角龙、梁龙等一起被做成玩具，或者写进给孩子们的书里。

板龙吃什么？

板龙的牙齿不大，是叶片形状的，所以它喜欢吃树叶。它高大的身形使它能够吃到树上的叶子，例如针叶树的叶子，这是生活在它之前的恐龙吃不到的，因为它是最早出现的巨型植食恐龙。

板龙是群居恐龙吗？

板龙被认为是一种群居恐龙，它们不仅喜欢在一起觅食，更喜欢在炎热的夏天一起往凉爽的海边迁徙，如果不幸中途迷路了，大家就一起完蛋了。

板龙有什么防御武器？

板龙前肢上的五趾很灵活，而且拇指上有锋利的大爪子，这个爪子可以用来赶走敌人。

板龙

知识小链接

科学家们认为板龙的嘴巴结构很特殊，它有狭窄的颊囊，这个颊囊可以防止嘴巴里的食物溢出去，和我们现在看到的松鼠差不多。

戴着长帽子的恐龙——副龙栉龙

你知道吗？

副龙栉龙又叫副栉龙，是生活在白垩纪晚期的一个属种，它的主要成员有沃克氏副栉龙、小号手副栉龙和短冠副栉龙。

副龙栉龙长什么样？

副龙栉龙的后腿比前腿长，它最大的特点就是头上长出的一根长长的冠饰，跟其他恐龙有明显的差别，很容易区分。

副龙栉龙的冠饰是什么样的？

副龙栉龙的冠饰长长的，从头顶向后生长，末端有些弯曲。它的里面是中空的，有一根管子，这根管子一头连着鼻腔，一头连着脑子，沿着整个长长的冠饰内部走了一个来回。

副龙栉龙

知识小链接

副龙栉龙的三个主要成员的冠饰各有特点，沃克氏副栉龙冠饰的内管比较简单，小号手副栉龙的冠饰形状比较复杂，短冠副栉龙的冠饰是最短的，也比较圆。

副龙栉龙的美丽冠饰有什么用？

由于冠饰是中空的，科学家们推断它有可能被用来调节体温。又由于它的一端连着鼻腔，所以又有些人认为这是一种共鸣器，会让副龙栉龙发出很大的声音。再或者它只是物种辨别的一个特征。

副龙栉龙怎么走路？

副龙栉龙喜欢用两条腿走路，在寻找植物的时候也可以四脚着地走路，不过跑起来的时候还是用两条腿方便些。

副龙栉龙是怎么吃东西的？

副龙栉龙的牙齿很多，它的牙齿一生都在不停地生长、替换，但它真正吃东西的时候却用不到多少牙齿，经常是用喙状的嘴直接切割植物。

在副龙栉龙的化石中曾经发现过皮肤的化石，这些化石表明它的皮肤上长着瘤状的鳞片。

副龙栉龙

牙齿最多的恐龙——鸭嘴龙

你知道吗？

鸭嘴龙有成百上千颗牙齿，这些棱柱形的牙齿常常是一排磨光了就会有新的一排补充上去，因而它们很适合吃植物。

鸭嘴龙的名字是怎么来的？

鸭嘴龙的嘴巴扁扁的，鼻孔又斜又长，就像鸭子的嘴一样，所以被称为"鸭嘴龙"。

鸭嘴龙长什么样？

鸭嘴龙最长可以达到 15 米，它的两条后腿长而有力，有三个脚趾，两个前肢比较短，有四个指头，力气没那么大，但可以协助嘴巴抓取树叶。它有一个长长的尾巴协调着全身的重心，因而稳稳地站立和迅速地奔跑是没有问题的。

鸭嘴龙

知识小链接

鸭嘴龙是白亚纪晚期的植食恐龙之一，它的数量很多，占全部植食恐龙的 75%。

鸭嘴龙生活在哪儿?

以前科学家们一直以为鸭嘴龙是在水中生活的,20世纪80年代美国出土了一具鸭嘴龙干尸,表明鸭嘴龙的趾间没有蹼,也就说明它不是主要生活在水里的。不过从它身上鳄鱼一样的皮肤可以判断,它在水中淹不死,能适应水陆两栖的生活,如果遇到危险,它会迅速从水中游离。

鸭嘴龙吃什么?

在陆地上生活时,鸭嘴龙喜欢吃树上的树叶。白垩纪晚期被子植物繁盛,鸭嘴龙有大量的食物来源,所以它们数量繁多。当然,有时它们也会用扁平的嘴来吃水底柔软的水藻等植物。

鸭嘴龙怎样走路?

科学家们认为鸭嘴龙是四脚着地走路的,但如果遇到危险,它们也可以用两条后腿快速地逃跑。

鸭嘴龙

知识小链接

由于鸭嘴龙的数量众多,它留下来的化石也多,在国内外都有发掘。我国发现的第一只恐龙化石就是鸭嘴龙,是在黑龙江龙骨山发现的。

有奇特爪子的恐龙——禽龙

你知道吗？

禽龙生活于白垩纪早期，是一种大型植食恐龙。

禽龙长什么样？

禽龙可以长到 10 米长，高达到 3 ~ 4 米，它有一条长长的尾巴可以起到平衡的作用。它的两条后腿很发达，两个前肢也十分有力。在它的手掌上，垂直向上长着一个尖尖的爪，这是它最独特的地方。

手掌上的那个尖爪有什么用？

它的利爪或许可以防御敌人的进攻，或者是协助嘴巴吃东西，比如挖开水果、掰断树枝什么的，目前还没有定论。

知识小链接

禽龙是人们非常喜爱的恐龙之一，也是比较有名的恐龙，经常被科学家们当作标杆与其他恐龙做对比。

禽龙

禽龙是群居恐龙吗?

禽龙的化石被人类发掘出来的很多,有些是成群被发现的,所以部分科学家们推断禽龙是群居性恐龙。但也有些科学家认为,众多禽龙化石聚集在一起,有可能是禽龙死后,大量的尸体被洪水冲到河岸或沼泽地形成的,这并不能代表禽龙就是群居动物。

禽龙怎样吃东西?

有人说禽龙的舌头能像长颈鹿那样卷起树叶来吃,有些人认为它的舌头肌肉发达,可以用来搅动和翻滚食物。对于吃东西的形式目前科学界尚无定论,但人们可以断定的是,它的上下颚牙齿可以互相磨合,研磨食物。

禽龙

知识小链接

禽龙锋利的爪子一开始是由英国的曼特尔夫妇发现的,可惜他们将这个爪错放在了嘴上,后来出土的禽龙化石纠正了这个错误,这个爪才从嘴上"回到"手上。

不得不提的"空中霸主"——翼龙

你知道吗？

翼龙并不是恐龙，它是"飞向蓝天"的爬行动物，当恐龙掌控陆地的时候，它也成了"空中霸主"。

翼龙有几种？

翼龙一共有两大类，喙嘴龙类出现的比较早，主要生存在侏罗纪，有一条很长的尾巴，嘴里长满牙齿。翼手龙类是后来出现的，主要生存在白垩纪，尾巴比较短，嘴里也缺少牙齿。

翼龙长什么样？

不管是喙嘴龙类还是翼手龙类，它们相似的特征都是前肢退化成了"翅膀"。它们前三趾是细细的小弯钩，第四趾附着着皮膜，这张由肌肉、皮肤组成的膜一直延伸到膝盖，使它能够在天空中滑翔。

翼龙

知识小链接

不同种类的翼龙大小有很大差别，小的只有麻雀那么大，大的能比得上飞机。

翼龙身上长毛吗?

世界上曾经发现过带有毛的翼龙化石,证明翼龙的皮肤上是长了毛的,科学家据此推断翼龙是一种恒温动物,它通过身体覆盖的羽毛来保持体温。

翼龙吃什么?

翼龙生活在湖泊或浅海区域的上空,善于捕捉水里的鱼虾作为食物。多数翼龙是食肉动物,有的也吃草。

翼龙是什么时候灭绝的?

翼龙和恐龙是同时代的生物,当恐龙灭绝的时候它也一同灭绝了,它的生命止于白垩纪末期,其后它"空中霸主"的地位就被早期的鸟类取代了。

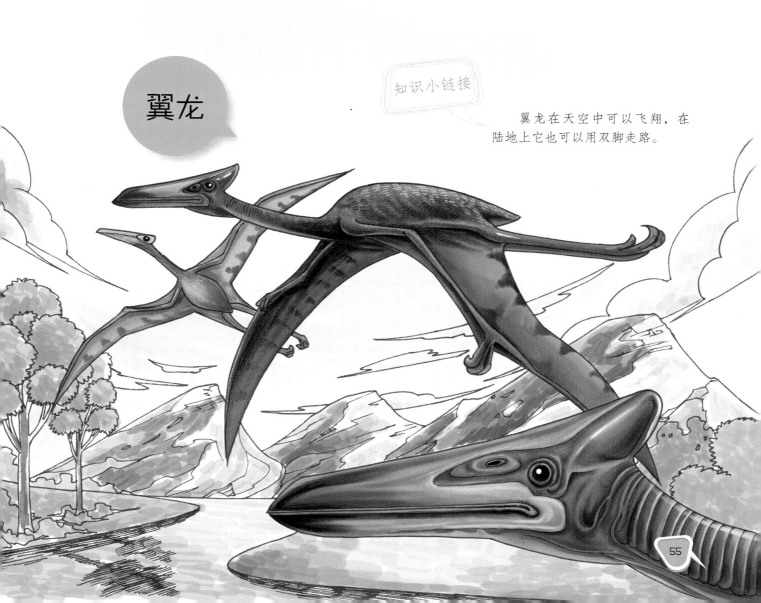

翼龙

知识小链接

翼龙在天空中可以飞翔,在陆地上它也可以用双脚走路。

ANIMAL ENCYCLOPEDIA

了解珍稀动物

翻开本书，你便会进入一个栩栩如生的动物世界，和形形色色的动物成为好朋友，在不知不觉中悄然成为动物科普小专家。

黑白国宝——大熊猫

大熊猫长什么样?

大熊猫的毛分为黑白两色,身体圆乎乎的,两只眼睛上的黑毛像是戴了一副眼镜,十分可爱。

大熊猫吃什么?

大熊猫早先是一种食肉动物,由于捕到的猎物时常不够吃,经过进化,99% 的食物 yo 变成了竹子,但因牙齿和消化道还保持原样,故仍被划分为食肉目。

大熊猫的毛为什么那么脏?

大熊猫看上去有点儿脏兮兮的,毛并不是雪白色的,其实这不是因为它脏,而是因为它的白毛天生就是白里透黄的。

知识小链接

大熊猫是世界级的宝贵动物资源,更是我国的"第一国宝"。截至 2021 年底,世界上野生大熊猫仅存 1590 只左右,圈养的大熊猫约有 160 只。

大熊猫

像鸭子却不是鸭子的动物——鸭嘴兽

鸭嘴兽长什么样？

鸭嘴兽全身长着一层厚厚的短毛，非常柔软顺滑，而且还能防水呢！它的嘴巴扁扁的，就像鸭子一样，所以叫作"鸭嘴兽"。

鸭嘴兽吃什么？

鸭嘴兽喜欢吃水里的小动物，贝壳啦，螺蛳啦，小鱼小虾之类的它都喜欢，而且每次逮到吃的就先藏在腮帮子里，然后浮出水面来慢慢享用。

鸭嘴兽生活在什么地方？

鸭嘴兽喜欢生活在水里，洞穴是建造在岸边的。白天它躲在窝里睡觉，夜里就出来活动了。

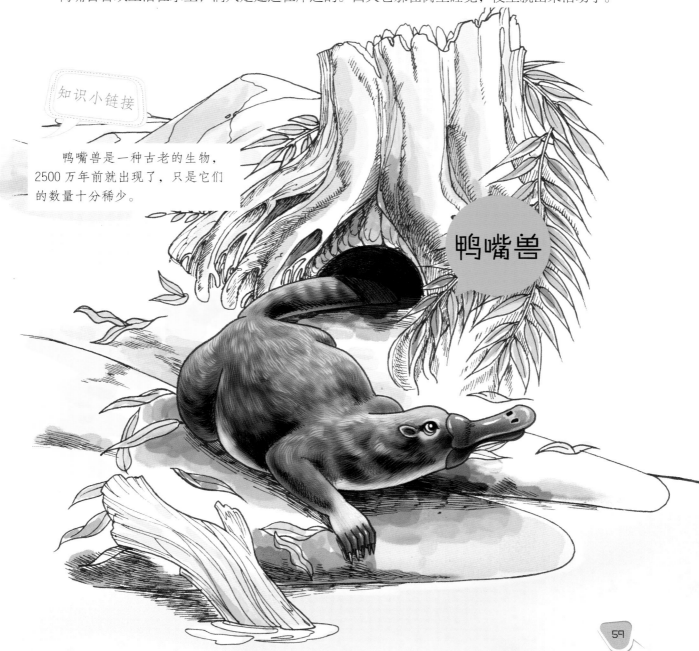

知识小链接

鸭嘴兽是一种古老的生物，2500万年前就出现了，只是它们的数量十分稀少。

鸭嘴兽

鼻子最长的大象——亚洲象

亚洲象长什么样？

亚洲象的鼻子是所有大象中最长的，耳朵也很大。雄亚洲象会长出长长的象牙来，雌象就不会。

亚洲象吃什么？

亚洲象是素食主义者，它喜欢吃芭蕉、竹笋、树上的嫩叶和嫩芽等，一天要花 16 个小时来吃东西呢！不过它消化功能不太好，吃下去的食物有 60% 都浪费了。

亚洲象的大耳朵有什么作用？

亚洲象的耳朵很大，用来打苍蝇、蚊子最好不过了，而且这么大的耳朵还有利于收集声波，所以它的听力很好。

亚洲象

知识小链接

我们国家的野生亚洲象数量十分稀少，是国家一级保护动物哦！

老虎中的大个子——东北虎

东北虎长什么样？

东北虎是所有老虎中长得最大的，身上的皮毛也比其他种类的老虎厚实，是带有美丽条纹的黄色皮毛。

东北虎吃什么？

东北虎有锋利的牙齿和爪子，对老鼠、野兔之类的小动物根本不屑一顾，那还不够它塞牙缝呢！它常常喜欢捕捉鹿、野猪等大一点儿的肉多的动物。

东北虎有固定的巢穴吗？

东北虎的活动范围很大，它没有固定的巢穴，整个领地都是它的家，它可以随意在山林间游荡，想睡哪儿就睡哪儿。

知识小链接

东北虎又叫西伯利亚虎，野生东北虎极其稀少，1999年时只剩下5～7只了。

东北虎

身材小巧的老虎——华南虎

华南虎长什么样？

华南虎的头长得比较圆，尾巴比较长，身材在老虎中算是比较小的。

华南虎吃什么？

华南虎和东北虎一样都是"大胃王"，喜欢吃野猪、野牛和鹿等长蹄子的动物。它的生活领地内至少要有 200 只梅花鹿、300 只羚羊和 150 只野猪才够它吃。

华南虎也会爬树吗？

华南虎主要生活在我国南方的森林里，十分善于游泳，能游过较狭窄的海峡，但不善于爬树。

华南虎

知识小链接

华南虎又叫"中国虎"，只有我国才有，是国家一级保护动物。但野生的华南虎已经灭绝了，现有的都是圈养的。

什么都像又什么都不像的动物——麋鹿

麋鹿长什么样？

麋鹿的脸长长的，很像马，脖子粗粗的，像骆驼，尾巴却像驴子，还长着鹿一样的角，所以人们又叫它"四不像"。

麋鹿吃什么？

野生麋鹿喜欢吃青草和嫩叶，人工喂养的麋鹿吃各种水果蔬菜，还吃大麦、玉米等有营养的食物。

麋鹿好斗吗？

麋鹿是一种十分温顺的动物，即使在繁殖期，雄鹿之间的争斗也往往不会超过10分钟，斗败的雄鹿会灰溜溜逃走，胜利的那一方也不会穷追不舍。

知识小链接

麋鹿原来只分布在我国，极其稀有。清朝时期，部分麋鹿曾被人移居海外。1900年我国的麋鹿全部灭绝，后来所见到的麋鹿都是从国外引进的。

麋鹿

"刚吃完面粉"的鹿——白唇鹿

白唇鹿长什么样?

白唇鹿体形高大,皮毛十分厚密,但不柔软。它最大的特点就是嘴唇是白色的,像刚偷吃过面粉一样,看起来很可爱。

白唇鹿吃什么?

白唇鹿生活在海拔较高的森林灌木丛及草甸地带,通常在早晨和黄昏成群地出来觅食,吃树叶、嫩芽和树皮等。

白唇鹿的角长得跟梅花鹿一样吗?

白唇鹿的角像梅花鹿的一样会分叉,但它角的根部扁扁的,所以它也叫作"扁角鹿"。

白唇鹿

知识小链接

白唇鹿是中国特有的珍贵动物,被当地人视为"神鹿"。20世纪90年代初,白唇鹿的数量不超过50头,不过之后它的数量呈增长趋势。

荤素通吃的动物——紫貂

紫貂长什么样?

紫貂有一对直立起来的三角形的大耳朵,看起来机敏可爱,还有一条又大又蓬松的尾巴,它的皮毛光亮水滑,十分柔软,也非常名贵。

紫貂吃什么?

紫貂爬树的本领很强,能上树逮鸟雀吃。它在地面上的行动也很迅速,能逮到各种鼠类。紫貂荤素通吃,它不仅吃肉,还吃坚果、蜂蜜,甚至还会捕鱼。

紫貂很贵重吗?

紫貂和人参、鹿茸一起,被称为我国的"东北三宝",是一种美丽而珍贵的动物,十分稀有宝贵。

紫貂

知识小链接

紫貂非常稀有,是国家一级保护动物。

盖着被子的动物——野牦牛

野牦牛长什么样?

野牦牛的角又粗壮又有力,看起来很吓人。它身上的毛很长,尤其是肚子上的毛长长的,甚至能拖到地上,像盖着一层被子一样。

野牦牛吃什么?

野牦牛虽然身材魁梧,但它可是食草动物哦!而且它总是夜里出来吃草,白天一边休息一边反刍。

野牦牛会爬山吗?

野牦牛不仅会爬山,而且可以在陡峭的高山上行走自如,因为它的蹄子上有柔软的角质,富有弹性。

知识小链接

野牦牛的数量不是很多,属于国家一级保护动物。到 2021 年我国有大概 5 万至 7 万头野牦牛。

会做记号的动物——苏门答腊犀牛

苏门答腊犀牛长什么样？

苏门答腊犀牛长着两只大小不一样的角，前角长，后角短。

苏门答腊犀牛吃什么？

苏门答腊犀牛生活在雨林和沼泽中，它们总是喜欢让身体沾满泥巴防止蚊虫叮咬，这样在吃小树叶、树苗、嫩叶、绿芽、水果等食物的时候就不会受打扰了。

苏门答腊犀牛是群居动物吗？

苏门答腊犀牛都是单独行动的，非常有领地意识。为了标注自己的领地，它会尿尿、排便，甚至会用给树木造型的方式来做记号。

知识小链接

由于人类过度捕杀和栖息地受到破坏，苏门答腊犀牛仅存 80 余头了。

苏门答腊犀牛

子孙稀少的动物——苏门答腊猩猩

苏门答腊猩猩长什么样？

苏门答腊猩猩全身的毛呈暗红褐色，双臂十分粗壮有力。

苏门答腊猩猩吃什么？

苏门答腊猩猩住在热带雨林和沼泽地，喜欢吃水果，也吃树叶、嫩芽、树枝、树皮及鸟蛋，还会吃昆虫和无脊椎动物，甚至喜欢吃蜂蜜，尤其善于使用工具来获取食物。

苏门答腊猩猩生活在树上吗？

苏门答腊猩猩和其他猩猩一样喜欢吃睡在树上，雨天还知道用宽大的树叶挡雨。

苏门答
腊猩猩

知识小链接

苏门答腊猩猩每 8 年才生一次宝宝，一生的后代不会超过 3 个，而且猩猩宝宝要跟着妈妈 5 年以后才独立，目前只剩下 6500 只左右。

山地大猩猩

知识小链接

山地大猩猩直到 1902 年才被人类发现。此后数量急剧减少，目前仅存 1000 余只。

温柔的巨人——山地大猩猩

山地大猩猩长什么样？

雄性猩猩成年以后手臂特别长，站立起来身高可达到 1.8 米，跟人类的男性一样高。

山地大猩猩吃什么？

山地大猩猩被称为"温柔的巨人"，白天大部分时间都在森林里闲逛、嚼枝叶或晒太阳，主要吃植物的根、茎、叶、果实等，偶尔吃点儿荤食。

山地大猩猩凶狠吗？

在族群内，山地大猩猩一般不会起什么大争端，两个族群相遇后，首领可能会打得头破血流直至一方死亡。不过它们一开始都喜欢吓唬对方，吼叫、扔东西、捶胸脯等都是它们惯用的方式。

戴"墨镜"、穿"靴子"的动物——黑足雪貂

黑足雪貂长什么样？

黑足雪貂腿上和脚上的毛是黑色的，就像穿了四只靴子，十分可爱。

黑足雪貂吃什么？

它喜欢吃老鼠和地松鼠，尤其喜欢吃草原犬鼠。它是一种夜行性动物，白天躲在窝里大睡，晚上才出来觅食。

黑足雪貂住在什么样的洞穴里？

黑足雪貂很懒，从来不自己做窝，常常是生活在草原犬鼠遗弃的洞穴里，马马虎虎度日。

黑足雪貂

知识小链接

1985 年，突然爆发的两场疾病使原有的 120 只黑足雪貂只幸存了 18 只。人们将它们捕获并圈养起来，这个物种才得以保存。

称不上"骏马"的马——普氏野马

普氏野马长什么样？

普氏野马和家马长得有点儿像，但没有家马那么帅气俊朗，它颈子上的鬃毛又短又硬，一点儿也不飘逸，也不能像家马的鬃毛那样垂在脖子两边。

普氏野马吃什么？

普氏野马生活在干燥的草原和荒漠上，喜欢吃那儿的芨芨草、芦苇、梭梭、红柳等植物，冬天没有吃的就刨开积雪吃下面的枯草。

普氏野马是群居动物吗？

普氏野马一般会5～20匹一起过群体生活，走到哪儿吃到哪儿，吃完以后除了自己会打滚、刷毛以外，还会帮同伴清洁身体。

普氏野马的数量十分稀少，野生普氏野马早已灭绝，现在全世界圈养的一共才2000匹。

普氏野马

四只眼睛的牛羚——亨氏牛羚

亨氏牛羚长什么样?

亨氏牛羚的角很有特点,看起来像一把竖琴,仔细看上面还有一环一环的纹路,十分秀气。它的两只眼睛下面各有一块突起,乍一看还以为有四只眼睛呢!

亨氏牛羚吃什么?

亨氏牛羚生活在干燥的草原上,喜欢啃食茅草,它很耐旱,可以很长时间不喝水。

亨氏牛羚是群居动物吗?

亨氏牛羚是群居动物,一个族群中一般会有2~40头雌性,由一头雄性做首领。也有几头雄性单独组成一个种群的现象。雄性的领地意识很强,一般在一个地方生活安定下来了就不会迁移。

知识小链接

亨氏牛羚数量非常稀少,到2021年世界上仅剩下500只了。

亨氏牛羚

金色的猫咪——金猫

金猫长什么样？

金猫的样子有点儿像猫，又有点儿像豹子，它有一条长长的尾巴，四条腿十分粗壮强健，身上的毛厚厚的，一般是棕红色或金褐色，所以叫作"金猫"。

金猫吃什么？

金猫爬树很厉害，能在树上捕捉到小鸟当"零食"，也能在地面上捕食野兔、蜥蜴等当"正餐"。

金猫有什么本领？

金猫是夜行动物，白天基本都趴在树上休息。别看它慵懒，其实它可机警了，它的外耳活动起来十分灵活，就像一个小雷达一样收集周围的声波，所以听觉相当好。

知识小链接

金猫是独行动物，行动十分隐秘。它的数量很少，属于国家二级重点保护动物。

金猫

雪山之王——雪豹

雪豹长什么样?

雪豹的毛是灰白色的,上面有许多漂亮的斑点,加上它身姿矫健、体态轻盈,是一种非常纯净、美丽的动物,有"雪山之王"的美称。

雪豹吃什么?

雪豹善于爬高、跳跃,即使黄羊站在悬崖峭壁上也躲不过它的追捕。只要让它逮到一只吃个饱,它能很长时间都不吃东西。

雪豹生活在哪儿?

雪豹生活在高原地区的冰雪高山上,是一种独行动物。它上下山有自己特定的路线,很喜欢走山脊和溪谷。它的家一般安在向阳的山坡上,有时在一个窝里能生活好几年。

知识小链接

雪豹是濒危物种,在中国,它的数量甚至比大熊猫还少。

雪豹

穿"灰外套"的狐狸——岛屿灰狐

岛屿灰狐长什么样?

除了耳廓狐以外,岛屿灰狐是世界上最小的狐狸了,它的个头和家猫差不多,头上和背上披着一层灰色的毛,像穿了一件灰色外套。

岛屿灰狐吃什么?

岛屿灰狐喜欢吃昆虫、鸟类、蛋、蜥蜴、蟹等肉食,也会给自己补充点儿水果。

岛屿灰狐有天敌吗?

岛屿灰狐生活在美国加州海峡群岛上,它在岛上没有天敌,可以任意捕食其他动物,所以一点儿也不怕人。倒是人类给岛屿带去的很多病菌,成了它们的致命杀手。

知识小链接

由于生活在岛上,岛屿灰狐对大陆上的很多病菌都没有抵抗力。1998年的一场犬瘟热杀死了这个大家庭中近90%的成员,后来通过人工驯养,数量才得以回升。

岛屿灰狐

会制订"捕食计划"的动物——红狼

红狼长什么样？

红狼的毛皮粗短，整体呈现肉桂红色和黄褐色，眼睛十分明亮。

红狼吃什么？

红狼主要吃松鸡、浣熊、兔子、老鼠等动物，也会吃腐肉。它们的捕食很有计划性，好几天都待在一个地区捕食，等到这片区域的动物所剩无几了才会换地方。

红狼是群居动物吗？

红狼是群居动物，一个族群中首领通常是一对父母，其他的成员就是它们的子女。每个族群都有自己的领地，它们平时会通过声音、气味、肢体接触来传递信息。

知识小链接

 红狼

红狼曾经广泛分布在美国东南部，由于人们的过度捕杀，现在数量已十分稀少了。

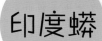

知识小链接

由于人们的过度捕杀，印度蟒的数量逐年递减，现在已处于濒危状态。

舍食保命的动物——印度蟒

印度蟒长什么样？

印度蟒通常是白色或黄色的，皮肤上有美丽的斑纹，这件"花衣裳"是人类惦记的对象，一些心怀不轨的人总想将它的皮做成皮制品。

印度蟒怎么吃东西？

印度蟒发现猎物后通常会张大嘴巴狠狠咬住，然后用身体将猎物死死缠住，用极大的压力杀死对方，最后将猎物整个吞下去。

印度蟒吃什么？

印度蟒是捕鼠能手，也喜欢吃猪、羊等大动物。每次它吃下很大的猎物后都懒洋洋地不肯挪动身体，假如这时候正好遇上危险，它就会把刚吃进去的东西吐出来，然后迅速逃跑。

尾巴当手臂用的动物——熊狸

熊狸长什么样？

熊狸看起来就像一头小黑熊一样，不过它有一条和身体差不多长的大尾巴，嘴上还长着白色胡须。

熊狸吃什么？

熊狸的大尾巴能缠绕在树枝上当第五只手用，所以对它来说，爬上树去逮只小鸟易如反掌，逮不到的话鸟蛋也凑合，实在不行就吃果子。

熊狸温顺吗？

不受侵犯时，熊狸不会主动发起攻击，要是它感觉到了危险就会变得异常凶猛；要是它觉得开心，发出的声音就像在咯咯笑一样。

知识小链接

中国的熊狸已不足 200 只，属于高度濒危动物，是国家一级保护动物。

熊狸

"穿靴子"的猫——猞猁

猞猁长什么样？

猞猁长得像猫，但比猫大得多，它生活在寒冷的地方，所以全身乃至爪子都披着一层又厚又密的毛，像穿了一件"棉袄"和四只"靴子"。

猞猁吃什么？

猞猁的菜单上主要是"荤菜"，野兔、野鼠、鸟类等它都爱吃。如果吃不完，它还会把剩下的肉埋起来，雪地可是一个天然大"冰箱"啊！

猞猁有什么本领？

猞猁的两只耳朵上各长了一撮长长的笔毛，这对笔毛可以起到收集声波的作用，使它有相当好的听力。

猞猁

知识小链接

我国的野生猞猁有 8 万只左右，数量正在减少，是国家二级保护动物。

名字叫"兔"却不是兔的动物——兔狲

兔狲长什么样？

兔狲（sūn）和兔子一点儿关系都没有，而是一种猫科动物，长得和家猫很像，但皮毛比家猫厚实多了。

兔狲吃什么？

兔狲是个懒家伙，它住在岩石缝里，或者住在别人废弃的窝里。它的菜单和猞猁的差不多，野兔、野鼠、鸟类等都吃。

兔狲怕冷吗？

兔狲能生活在寒冷贫瘠的环境里，它一点儿也不怕冷。除了全身厚实的皮毛以外，它肚子上的毛还很长，非常保暖，所以即使它长时间卧在雪地里捕食也没有关系。

知识小链接

兔狲

兔狲生活在荒漠地区，是国家二级保护动物。

拥有最大蛋的鸟——几维鸟

几维鸟长什么样？

几维鸟的翅膀已经退化了，不能飞行，只能在草地上疾走，它的羽毛细如发丝，超级柔软。它的嘴又长又细又尖，觅食的时候尖嘴末端的鼻孔可以闻出虫的位置。

几维鸟吃什么？

几维鸟吃昆虫、蜗牛、蜘蛛、蠕虫、虾，也吃落在地面上的水果和浆果。

几维鸟住在哪儿？

几维鸟住在长着苔藓的洞穴里，有时它为了伪装，能在领地上挖 100 个洞穴，每天换着住。

知识小链接

几维鸟每年才下 1~2 枚蛋，蛋相当于自己体重的四分之一，如果按照鸟蛋占母体的比重来看，几维鸟是当之无愧的冠军了。

几维鸟

带着黑色"围脖"的鹤——黑颈鹤

黑颈鹤长什么样?

黑颈鹤全身灰白色,除了裸露部分和眼睛附近的白色斑块以外,整个颈子都是黑色的,由此而得名。

黑颈鹤吃什么?

黑颈鹤住在高原、草甸、芦苇地和沼泽地里,喜欢吃植物的根和茎、水藻、玉米,也吃昆虫、鱼等。

黑颈鹤怕冷吗?

黑颈鹤有迁徙的习惯,秋季于 10 月中旬到达越冬地,在飞行时也会像大雁那样排成"一"字形或者"人"字形。

黑颈鹤

知识小链接

黑颈鹤是世界上 15 种鹤中最晚被发现的一种鹤。人类的活动导致它们的栖息地缩减,目前的数量只有 7000 只左右。

戴"头盔"的鸟——犀鸟

犀鸟长什么样？

犀鸟有一张大嘴巴，占了身长的三分之一甚至是一半，而且上面长了一块突起，像戴了头盔一样。它的大眼睛上还长有睫毛呢，很神奇吧！

犀鸟吃什么？

犀鸟的大嘴巴看起来笨重，但非常灵活，它会叼起老鼠、昆虫、浆果等往上一抛，再准确地接住吃掉。

犀鸟的飞行速度快吗？

犀鸟的身体很大，飞行速度却不快，飞行时翅膀的扇动发出很大的声响，停下来的时候叫声又响亮又粗犷。

知识小链接

犀鸟

犀鸟非常奇特珍贵，我国西双版纳的斑犀鸟被列为国家二级保护动物。

鸟类中的"女皇"——极乐鸟

极乐鸟长什么样？

极乐鸟披着一身鲜艳的羽毛，尤其是细长飘逸的尾羽非常漂亮，像穿了一件华丽的大披风，似乎是来自天堂的神鸟，所以又被人们称为"天堂鸟"。

极乐鸟吃什么？

极乐鸟长得美，食谱也清淡，喜欢吃浆果、无花果等果实，也吃昆虫和蜥蜴。

极乐鸟有很多种类吗？

全世界的极乐鸟一共有 40 多种，每种都十分绚烂美丽。

知识小链接

极乐鸟

极乐鸟十分珍贵，它的羽毛经常被用来做装饰物，因此遭到大量捕杀，其中一些品种已进入濒危状态。

优雅的长尾巴鸟——白冠长尾雉

白冠长尾雉长什么样？

白冠长尾雉形体优美，走路姿势十分优雅，它的羽毛特别美丽，有长长的尾巴，头顶长着一撮白毛，像戴了一顶小白帽。

白冠长尾雉吃什么？

白冠长尾雉的菜单很杂，植物的果实、种子、嫩叶、根是它的主食，有时也会飞到稻田或麦田边偷嘴，闲来无事还喜欢啄点儿蜗牛、蚱蜢之类的消遣消遣。

白冠长尾雉会飞吗？

白冠长尾雉的飞行能力很强，它们平时成群地活动在林间空地上，一受到打扰就四处飞散，飞行速度很快，特别是从高往低处飞时十分迅速。

白冠长尾雉

知识小链接

白冠长尾雉是我国特有的物种，但数量稀少，是国家二级保护动物。

"死而复生"的蝙蝠——佛罗里达戴帽蝙蝠

佛罗里达戴帽蝙蝠长什么样？

佛罗里达戴帽蝙蝠有53厘米长，和其他蝙蝠一样长着两只大大的耳朵，像戴上了帽子。

佛罗里达戴帽蝙蝠吃什么？

蝙蝠是最不挑嘴的动物了，什么都吃，花蜜、果实、昆虫、青蛙、鱼都是它的家常菜，甚至吃其他蝙蝠，还嗜好吸血。

佛罗里达戴帽蝙蝠是哺乳动物吗？

佛罗里达戴帽蝙蝠和其他种类的蝙蝠一样，虽然会飞，但它不属于鸟类，而是属于翼手目哺乳动物。

佛罗里达戴帽蝙蝠

知识小链接

佛罗里达戴帽蝙蝠曾经被认为已经灭绝了，后来又发现了一小群，现在数量大约有100只，真能算得上是"死而复生"了吧。

患上"肥胖症"的鸟——渡渡鸟

渡渡鸟长什么样？

渡渡鸟长得很肥胖，翅膀又很短小，所以飞不起来，只能靠粗壮有力的脚来支撑身体。不过有人说这个形象是人类捕捉到渡渡鸟以后将它喂肥的样子，原本它是很苗条的。

渡渡鸟吃什么？

渡渡鸟生活在印度洋的毛里求斯岛，有一张大嘴巴，喜欢吃树木的果实。

渡渡鸟的名字是怎么来的？

渡渡鸟的名字"dodo"一词来自葡萄牙语的"doudo"或者是"doido"，意思是"蠢笨的"，也许是因为它们肥胖的身材和不怕人的性格，人类才给它取了这样一个名字。

欧洲人到了毛里求斯岛以后，觉得渡渡鸟的肉很好吃，于是大量捕杀，所以渡渡鸟在被发现后的70年里就迅速灭绝了。

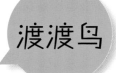

渡渡鸟

再远也要找到食物的秃鹰——加州秃鹰

加州秃鹰长什么样？

加州秃鹰长得很大，头上的皮肤裸露着，脖子上长了一圈蓬松的羽毛，像戴了一个围脖。

加州秃鹰吃什么？

加州秃鹰喜欢吃腐肉，所以它被誉为"自然界的清道夫"。

加州秃鹰的飞翔能力怎么样？

加州秃鹰是北美最大的鸟，它的体重可以达到 10 千克，但它的飞翔能力很棒，能飞到 5000 米高空，而且为了吃一顿，它可以不辞辛苦地奔波 225 千米，真是不容易啊！

知识小链接

1985 年，野生加州秃鹰只剩下了 9 只，人们为了"延续香火"将它们捕捉圈养起来，现存的加州秃鹰都是圈养的，总共才不过 200 多只。

加州秃鹰

穿"红鞋子"的鸽子——格林纳达鸽

格林纳达鸽长什么样？

格林纳达鸽大部分羽毛是白色的，翅膀黑色，有一双粉红的小脚，像穿了一双红鞋子，十分轻巧可爱。

格林纳达鸽吃什么？

鸽子是吃素的，玉米、谷物、豆类等都是它爱吃的食物。

格林纳达鸽的数量多吗？

格林纳达鸽只生活在格林纳达，是他们的国鸟，但它的生存遭到猫、老鼠、猫鼬的威胁，栖息地也逐渐丧失，数量已经急剧下降到 150 只，格林纳达人已经开始了一项长达 10 年的保护计划。

知识小链接

二战期间，毕加索为邻居米什老人画了一幅飞翔的鸽子，以纪念他死在法西斯匪徒手下的孙子，此后鸽子成了和平的象征。

格林纳达鸽

海豹中的大个子——僧海豹

僧海豹长什么样？

僧海豹比普通海豹要大一号，嘴上也长着硬硬的胡须。它看起来没有耳朵，因为它没有外耳，可听力却很好。

僧海豹吃什么？

僧海豹在水下很灵活，只要身体稍微动一动就能游到想去的地方，每天夜里它都会在浅水区捕捉龙虾、章鱼，还有各种鱼类。

僧海豹怕人吗？

僧海豹很调皮，也很聪明，它对人类很友好，也不害怕人类，当它遇到附近游泳的人，会非常感兴趣，一定要游到人的面前，盯着他的脸看个够才行。

僧海豹

知识小链接

僧海豹一共有3种，可惜都已进入濒危状态，亟需保护。

穿"花衣裳"的海豹——斑海豹

斑海豹长什么样？

斑海豹长得又肥又壮，背上有很多不规则的棕色斑点，连肚子上都有。

斑海豹吃什么？

斑海豹以各种鱼类为主食，小黄鱼、鳕鱼、鲑鱼都很合它的胃口，有时它也吃点儿贝壳类动物换换口味。

斑海豹在陆地上怎么行走？

斑海豹在海中可以自由自在地畅游，可在陆地上只有靠前肢和身体的蠕动来前进了，所以行走速度很慢，跌跌爬爬。如果遇到危险就赶快打几个滚，滚入水中逃走。

知识小链接

斑海豹

斑海豹是国家一级保护动物。第十二届全国运动会的吉祥物就是一只叫"宁宁"的斑海豹，号称"渤海明珠"。

生活在海里的"牛"——海牛

海牛长什么样?

海牛是生活在海里的一种哺乳动物,全身的皮肤比较光滑,背一般都是灰白色,腹部的颜色要比背部浅一些。

海牛吃什么?

海牛是植食性动物,每天会潜到海床底部寻找植物的根、茎、叶和海藻来吃,吃相十分悠闲,基本上过着十分舒心的日子。

海牛凶猛吗?

海牛性情十分温和,行动有些迟缓,平时吃饱了以后喜欢潜入海底睡觉,时不时地浮上水面来换口气。

知识小链接

海牛全身都是宝,遭到人们的肆意捕杀。现存的大部分海牛都生活在澳大利亚北部沿岸,据估算,那里约有 8.5 万头海牛。

海牛

闭眼捕食的动物——玳瑁

玳瑁长什么样？

玳瑁是生活在海里的一种海龟，嘴巴的形状有点儿像鹰嘴，龟背上的壳像瓦片一样排列着，表面很光滑。它的尾巴很短小，一般不露在龟壳外面。

玳瑁吃什么？

玳瑁最喜欢吃的是海绵，也吃水母、海葵等。在捕食水母等会蜇人的动物时，它会闭上眼睛，保护自己。

玳瑁温顺吗？

别以为玳瑁像乌龟那样慢吞吞的，其实它是一种凶猛的肉食动物，经常在珊瑚礁里捕食动物。

知识小链接

玳瑁的壳可以做装饰品，也可以入药，人类过度的捕捞已经严重影响到了玳瑁的种群数量，现在玳瑁已被列为世界濒危物种。

玳瑁

海洋之"心"——兰坎皮海龟

兰坎皮海龟长什么样？

兰坎皮海龟的壳很漂亮，是橄榄色或者棕褐色的，而且天然就长成了心形，上面还有美丽的花纹。

兰坎皮海龟吃什么？

兰坎皮海龟主要吃鱼类、甲壳动物等，有时候还会吃海藻。

兰坎皮海龟是怎么繁殖下一代的？

兰坎皮海龟喜欢在夜里爬到沙滩上，先挖一个能容纳自己身体的大坑，然后爬进去再挖一个卵坑，在坑里产卵，最后用沙子覆盖好，返回海里。

兰坎皮海龟

知识小链接

兰坎皮海龟是世界上12种最濒危动物中唯一数量呈增长趋势的动物，其他11种包括古巴鳄、佛罗里达戴帽蝙蝠、格林纳达鸽、亨氏牛羚、岛屿灰狐等。

水中的大熊猫——白鳍豚

白鳍豚长什么样？

白鳍豚的身体是纺锤形，全身的皮肤裸露无毛，一般背上是青灰色，从上往下看可以与江水融为一体，腹部是洁白色，从水下往上看也能与天空颜色一致，所以它有很好的保护色，捕食时可以尽量避免猎物发现自己。

白鳍豚吃什么？

白鳍豚平时喜欢生活在江河的深水区，它的食物以鱼为主，常常在早晨或黄昏时游向岸边浅水处捕食。

白鳍豚怕人吗？

白鳍豚喜欢在深水区活动，很少靠岸，也不主动靠近船只，比较怕人，它只在捕食时才靠近浅水区。

知识小链接

白鳍豚是我国特有的淡水鲸类，2007 年白暨豚功能性灭绝，被誉为"水中的大熊猫"。

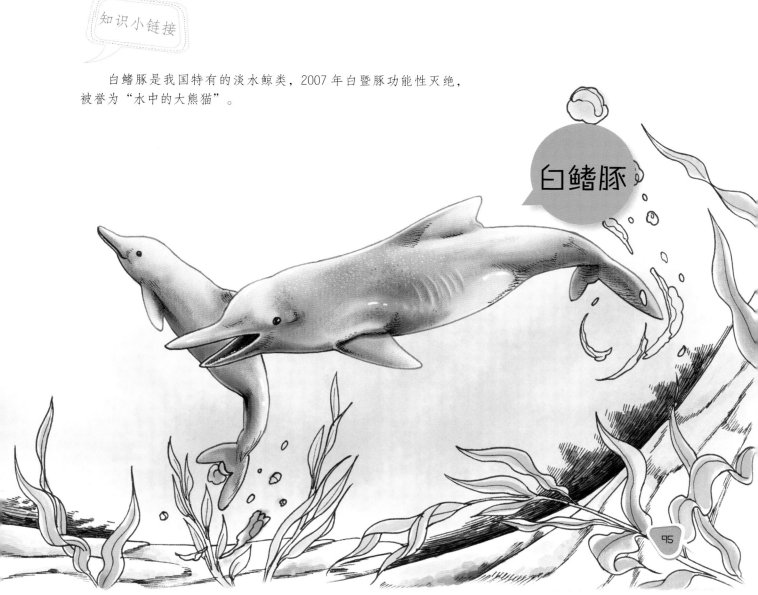

白鳍豚

抗饿"明星"——大鲵

大鲵长什么样?

大鲵长得有点像蜥蜴,只是更加肥壮扁平,四肢很短。身体一般多是灰褐色,可以随着环境的变化而变化。它的体表光滑无鳞,有各种斑纹,布满了黏液,这有助于它在陆地上用皮肤呼吸。

大鲵吃什么?

别看大鲵长相圆润,但它其实生性凶猛,主要吃鱼、虾、青蛙、蛇、老鼠、小鸟等,当食物短缺时甚至会自相残杀,或者吃自己的卵。

大鲵有什么特点?

大鲵的叫声很像婴儿的哭声,因此人们又叫它"娃娃鱼"。

大鲵

知识小链接

大鲵很耐饿,只要将它养在清水里,两三年不吃东西也不会饿死。

独居长江的"帝王"——扬子鳄

扬子鳄长什么样？

扬子鳄的头比较大，鳞片上有很多颗粒状和带状的纹路，它生活在长江流域，所以叫作"扬子鳄"。

扬子鳄吃什么？

扬子鳄的洞有很多出入口和通风口，所以它的洞穴幽深又凉爽，像一座地下王宫一样。白天它就躲在洞里睡觉，晚上出来捕猎鱼类、水禽等。

扬子鳄存在了多久？

它曾经和恐龙一样在古老的中生代称霸地球，至今还可以找到早先恐龙类爬行动物的许多特征。所以，人们称扬子鳄为"活化石"。

扬子鳄

知识小链接

扬子鳄是世界上最小的鳄鱼之一，数量非常稀少，是濒危物种之一。

古巴鳄

知识小链接

好斗的鳄鱼——古巴鳄

1959 年，古巴鳄几乎已经绝种，后来由于古巴政府的保护才重新建立种群。

古巴鳄长什么样？

古巴鳄体型中等，大约有 3 米长，皮肤呈黑色，上面有黄色的斑纹，嘴巴比其他种类的鳄鱼要稍微短一些。

古巴鳄吃什么？

古巴鳄栖息于淡水沼泽地和湿地区域，喜欢吃鱼类和哺乳动物，性情十分凶猛，非常好斗，捕食的时候能够将整个身体跃出水面。但古巴鳄也有害怕的东西，那就是眼镜凯门鳄，因为它们会吃古巴鳄的幼崽。

古巴鳄的巢穴是什么样的？

古巴鳄的巢穴是自己挖掘出来的，里面混有烂泥巴和一些植物。

菲律宾的"猛将"——菲律宾鳄

菲律宾鳄长什么样？

菲律宾鳄的嘴巴宽阔，身体较小，一般不超过 3 米。它的皮肤金色中带有一点儿咖啡色，长大以后会变深。

菲律宾鳄吃什么？

菲律宾鳄小的时候吃鱼、虾、老鼠等小动物，长大以后吃鱼、乌龟、鸟类以及羚羊这样的哺乳动物，甚至还会攻击人类。

菲律宾鳄怎样捕食？

它经常隐藏在水中，等待机会捕捉猎物，吃饱了以后也会爬到岸边晒太阳。虽然它凶猛异常，但会乖乖地张开嘴巴，让鳄鱼鸟清理它的牙。

知识小链接

野生菲律宾鳄的数量在不断下降，2021 年它已经是全球最濒危的鳄鱼品种了，数量不足 100 只。

菲律宾鳄

全身湿滑的动物——大蝾螈

大蝾螈长什么样？

大蝾螈又叫作火蜥蜴，身体短小，大约长 10~15 厘米，它有 4 条腿，色彩鲜亮。

大蝾螈吃什么？

大多数蝾螈白天都躲藏起来，晚上才出来觅食，主要吃昆虫、蠕虫、蜗牛等一些小动物，也吃自己的同类。

大蝾螈是怎么呼吸的？

大蝾螈没有肺，完全靠潮湿的皮肤与外界进行气体交换，因此它需要潮湿的生活环境。如果周围的温度降到 0℃以下，它们就会进入冬眠状态，直到温度和湿度都适宜的时候才会露面。

知识小链接

大蝾螈主要栖息在海拔 300 ~ 700 米的山间溪流中，对水质的要求非常高，是国家一级保护动物。

大蝾螈

嘴唇粉嫩的猴子——滇金丝猴

滇金丝猴长什么样？

滇金丝猴身体背面的毛多为灰黑色，肚子上的毛多为白色，它嘴唇周围的肉是粉红色的，显得非常可爱。

滇金丝猴吃什么？

滇金丝猴生活在海拔2500～5000米的高山针叶林地带，主要吃针叶树的嫩叶和越冬的花苞等，有时也吃箭竹的竹笋和嫩竹叶。

滇金丝猴是群居动物吗？

滇金丝猴喜欢过群居生活，多为20～60个成员，还没有发现超过150个成员的群体。

滇金丝猴

知识小链接

滇金丝猴是中国特有的物种，是我国的第二国宝，属于国家一级重点保护野生动物。

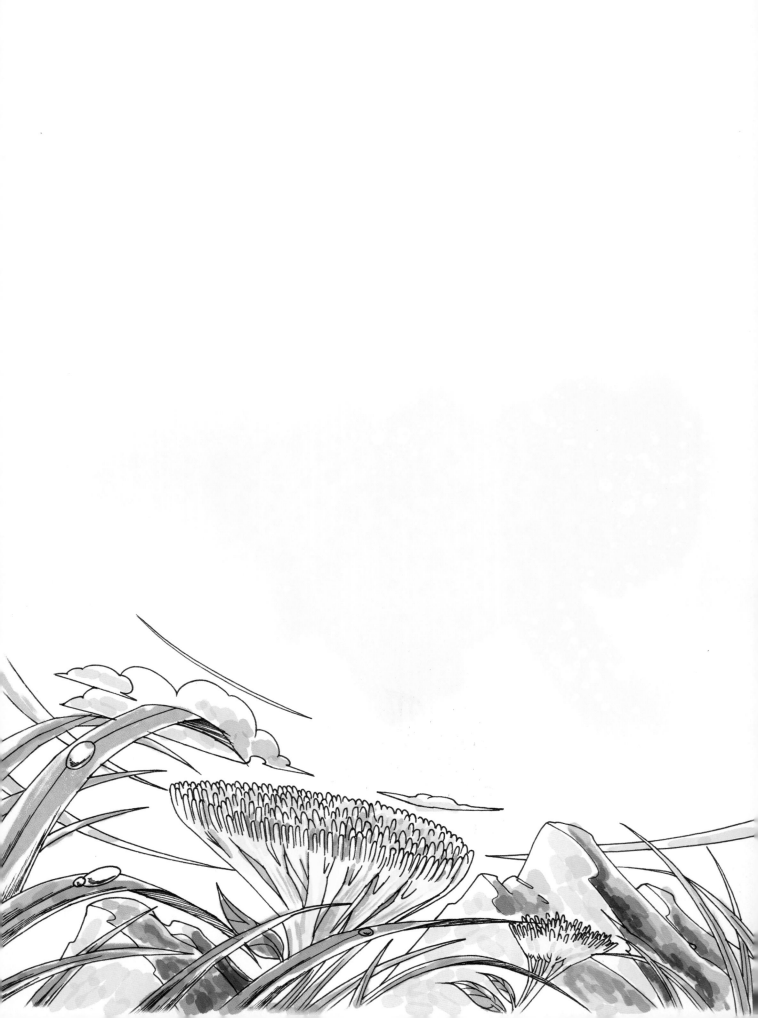

ANIMAL ENCYCLOPEDIA

探秘昆虫世界

翻开本书，你便会进入一个栩栩如生的动物世界，和形形色色的动物成为好朋友，在不知不觉中悄然成为动物科普小专家。

翩跹的美丽舞者——蝴蝶

你知道吗？

蝴蝶不仅色彩艳丽丰富，它的种类也是很繁多的，全世界一共有 14000 多种蝴蝶呢！

蝴蝶真的是毛毛虫变的吗？

毛毛虫长大以后会在叶子的背面吐丝化成蛹，过几天它就咬破蛹成为美丽的蝴蝶了。

毛毛虫是怎么来的？

蝴蝶的生命其实是从卵开始的，妈妈会把圆形或者椭圆形的卵产在叶子上，卵顺利孵化以后就是我们所知道的毛毛虫了。它主要的任务就是吃，先吃掉卵壳，再吃叶子，过段时间就会蜕皮换身宽松的"衣服"，它要蜕皮 4 次才会化蛹。

知识小链接

毛毛虫喜欢吃叶子，成为蝴蝶以后它就喜欢吃花蜜了，那可比叶子甜多啦！

蝴蝶

蝴蝶的翅膀为什么那么漂亮？

蝴蝶的翅膀一般都很鲜艳，这并不是为了好看，而是一种警戒色。

蝴蝶怎样用警戒色保护自己？

有的蝴蝶用自己鲜艳的颜色来吓退敌人，比如邮差蝴蝶黑红相间的颜色让人误以为它有毒，其实它是无毒的；猫头鹰蝶翅膀上有一对猫头鹰眼睛一样的花纹，让人看了很害怕。

要是翅膀不鲜艳怎么办？

有些蝴蝶用气味吓退敌人，比如线纹紫斑蝶在被捉到的时候散发出恶臭；还有些蝴蝶十分善于伪装，比如枯叶蛱蝶停在树枝上时会伪装成枯叶，让人难以分辨。

知识小链接

蝴蝶

世界上最大的蝴蝶是亚历山大女皇鸟翼凤蝶，分布在新几内亚；最小的蝴蝶是渺灰蝶，生长在阿富汗。

会闪光的女神——光明女神闪蝶

你知道吗？

光明女神闪蝶也叫海伦娜闪蝶，是世界上最美丽的蝴蝶。

光明女神闪蝶真的会闪光吗？

它的翅膀会发出耀眼的金属光泽，可不就像闪光一样吗？

光明女神闪蝶长什么样？

光明女神闪蝶的翅膀很大，全身闪耀着华丽的金属紫蓝色，翅膀上的蓝色更有深蓝、湛蓝、浅蓝的过渡，上面分布着规则的白色花纹，就像大海上泛着朵朵浪花，又像蓝天上飘着朵朵白云。

知识小链接

光明女神闪蝶如果将翅膀完全展开，上面的白色花纹就像给它戴上的一圈光环，再加上它身姿婀娜，所以被称为"女神"。

光明女神闪蝶

光明女神闪蝶的金属色是怎么来的？

光明女神闪蝶的翅膀上含有多种色素颗粒，而且鳞片是由多层立体的栅栏构成的，当光线照射时，会产生反射和折射，就像是在闪光一样。鳞片上这种结构越密，翅膀的金属感就越强。

光明女神闪蝶珍贵吗？

光明女神闪蝶产于巴西、秘鲁等国，是秘鲁国蝶，不仅数量极少，而且繁殖能力弱，十分珍贵，曾经在美国一个拍卖会上拍价达 4 万多美元，折合人民币约 25 万元。

在什么地方可以见到光明女神闪蝶？

光明女神闪蝶现在已经被秘鲁大量人工繁殖，作为出口品流通于全世界，国内也能见到它的身影。

知识小链接

我国仅有 3 只野生光明女神闪蝶的标本。

光明女神闪蝶

空中"飞行专家"——蜻蜓

你知道吗？

蜻蜓在恐龙时代就已经存在了，被称为"活化石"。

蜻蜓有多少只眼睛？

蜻蜓是世界上拥有最多眼睛的昆虫，它的眼睛占据了整个头部，又大又鼓，有 3 个单眼，复眼则由 28000 多只小眼组成。

蜻蜓的视力怎么样？

蜻蜓的视力无与伦比，它不用转头就能看到周围的所有物体。而且它的复眼还能测速，当物体在眼前移动时，复眼的每只小眼依次产生反应，能迅速确定目标的运动速度，这就是它成为捕虫高手的原因。

知识小链接

蜻蜓喜欢吃苍蝇、蚊子等害虫，是一种益虫。

蜻蜓

蜻蜓为什么要"点水"？

蜻蜓"点水"实际上是它将卵分很多次产入水中，或直接将尾巴插入水中产卵的情况。

蜻蜓是"飞行专家"吗？

蜻蜓的飞行技术很强，能忽上忽下、忽快忽慢地飞行，还能悬浮在空中。

什么造就了蜻蜓的飞行技术？

蜻蜓靠神经系统控制着飞行角度、飞行速度，使之与空气大气压相适应，极其微妙，令人叹为观止。而且它每片翅膀上都有一块颜色加深的翅痣，能够保持翅膀震动的规律性，防止翅膀因震颤而折伤。

知识小链接

科学家从翅痣上受到启发，在飞机机翼上设计了加厚的部分，从而克服了震颤，保证了飞行安全。

蜻蜓

蜻蜓的近亲——蜻蛉

你知道吗？

蜻蛉又叫豆娘，是蜻蜓的近亲，长得和蜻蜓有点相似。

蜻蛉和蜻蜓有什么不一样的地方？

蜻蛉的体型要比蜻蜓小得多，最小的只有 1.5 厘米，通常是细细长长的，十分惹人怜爱。它的眼睛是向两边突出的，而不像蜻蜓的眼睛聚集在中间。它停在树叶、树枝上时，能够将翅膀竖立在背上叠在一起，或者是轻微地张开。

蜻蛉的身体是什么颜色的？

蜻蛉身体的颜色很鲜艳，有橙色、蓝色、绿色等，十分美丽。

知识小链接

蜻蛉有着优美的体态和鲜艳的颜色，被人们所喜爱。很多国家的文化中都将蜻蛉作为美好的象征。

蜻蛉

蜻蛉的飞行能力怎么样？

蜻蛉的翅膀结构和蜻蜓相似，因此飞行技巧不差，但它身体纤弱，胸肌不发达，不能做长距离飞行。

身体细弱的蜻蛉是怎样生活的？

别看蜻蛉身材瘦弱，它可是个不折不扣的肉食动物，喜欢捕捉空中的小飞虫。它不仅能在飞行的时候捕食，还能在飞行中完成交配呢。我们常常可以看到两只蜻蛉一前一后地飞行，那就是在交配，这可是独门绝活呀！

蜻蛉的幼虫也生活在水底吗？

蜻蛉和蜻蜓一样将卵产在水中，或者产在临近水域的岩石、植物上，幼虫的生活也离不开水。

蜻蛉

知识小链接

蜻蛉的幼虫有鳃状的结构，它在水下是用鳃呼吸的。

昆虫界的数学家——蜜蜂

你知道吗？

蜜蜂家族很"排外"，陌生的蜜蜂想要混入蜂巢可不容易，因为它的身上没有熟悉的信息素，在门口就会被守卫蜂拦住。

蜜蜂一直都很忙碌吗？

蜜蜂一年四季都很忙碌，它们难得悠闲，只在寒冷的冬天挤在蜂巢里越冬，其他季节都在辛勤地采蜜。

为什么蜜蜂是昆虫界的"数学家"？

如果你见过蜂房，你一定会发现里面的巢室全都做成了正六边形，这是因为正六边形的每一个内角都是120°，不仅结构稳定，还最节省材料。蜜蜂真不愧是昆虫界的"数学家"，精打细算到如此地步，真是令人叹为观止。

知识小链接

蜂蜜其实是很珍贵的，一只蜜蜂一生只能为我们提供0.6克蜂蜜。

蜜蜂

蜜蜂采摘花粉对花朵有好处吗？

蜜蜂每天都要在很多花上采蜜，在采花粉的同时，不可避免地会将一朵花的花粉掉落在另一朵花上，这个过程其实是帮助花朵的雄蕊和雌蕊完成了授粉，这样植物结出来的种子来年才可以发芽。

蜂巢的主人一直是同一个蜂王吗？

工蜂会给好几个宝宝同时喂食蜂王浆，这几个宝宝就成为蜂王，不过它们一成熟就会互相残杀，最后只留下一个成为蜂巢真正的新主人。

原来的蜂王去哪儿了？

老蜂王会带着一群工蜂离开，重新安家。

知识小链接

蜜蜂

蜜蜂无意间的授粉使植物得以传宗接代，这比它的蜂蜜和蜂蜡的价值要高多了。

夏天的歌唱家——蝉

你知道吗？

蝉的翅膀很薄，是透明的，人们经常用"薄如蝉翼"来形容某样东西很轻薄。

所有的蝉都"唱歌"吗？

雌蝉全是"哑巴"，不会发出声音，"唱歌"的都是雄蝉，不过它不用嘴巴唱，而是用肚子。

蝉是怎样"唱歌"的？

雄蝉的腹基部两侧有两个大大的环形发声器官，像蒙上了鼓膜的大鼓，鸣肌收缩引起震动而发出声音。由于它的鸣肌一秒钟能伸缩一万次，而且盖板和鼓膜之间是空的，能起到共鸣的作用，所以蝉的叫声特别洪亮。

知识小链接

雄蝉叫得这么卖力不为别的，就为了能吸引雌蝉来交配。

蝉

蝉是怎么来的？

蝉的幼虫生活在泥土里，俗称"知了猴"，它有一层很硬的外壳，从外壳里出来以后知了猴就变成了蝉，被它丢弃的那层外壳叫作"蝉蜕"，是一种很好的中药。

知了猴是怎么变成蝉的？

知了猴会选择在夜晚爬上树干，紧紧抓住树枝，它们先从硬壳的背上裂开一条缝，然后钻出来。新身体上的翅膀是打着褶皱的，要晾一小时才会变干变硬，才能飞。

蝉可以活多久？

知了猴变成蝉后只能活几个月，在交配产卵以后生命就结束了，但在这之前它能在泥土里生活好几年，最长可以生活17年。

知识小链接

如果晾干翅膀的过程受到了打扰，它很可能会终身残疾，不能飞也不能发出声音，所以它们都选择在夜晚爬出泥土，那时天敌活动较少。

蝉

吃掉"丈夫"的昆虫——螳螂

你知道吗？

中华武术中有著名的"螳螂拳"，就是根据螳螂捕食的姿态演化而来的。

螳螂有什么恶名声吗？

螳螂的嘴巴很厉害，能够咀嚼捕捉到的任何猎物，雌螳螂甚至会在交配时吃掉自己的"丈夫"。

螳螂为什么要吃掉"丈夫"？

科学家做过实验，将喂得饱饱的螳螂放在一起交配，基本不会出现"吃夫"现象，而将十分饥饿的螳螂放在一起，雌螳螂立刻就将雄螳螂抓来吃了，根本无心交配。所以有些人认为雌螳螂的"吃夫"行为是为了补充体力，以保证能够顺利产卵。

知识小链接

螳螂也被人们称为"先知"，因为它的两个大手臂平时举在胸前，就像在祷告一样。

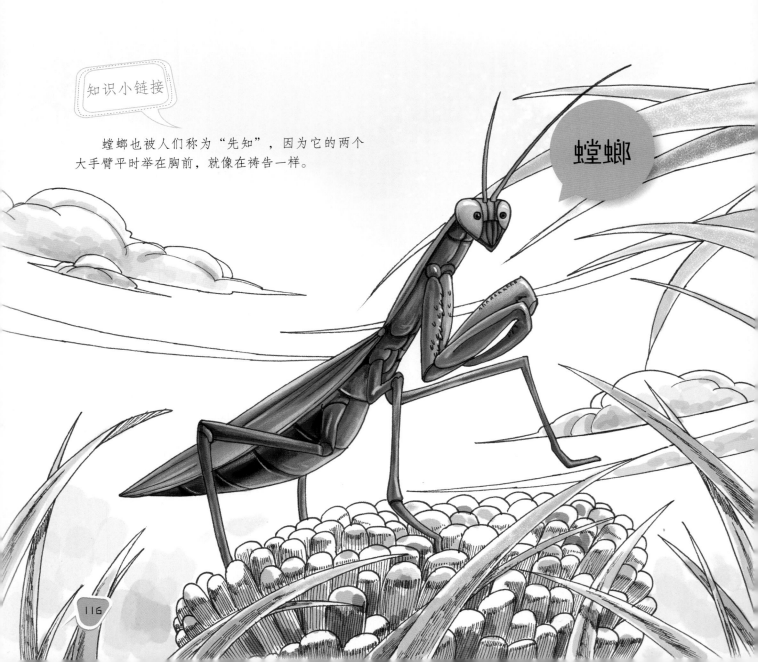

螳螂

螳螂有什么本领？

螳螂的捕食速度是极快的，整个过程只要 0.01 秒，这是它能成为捕食高手的原因之一。

螳螂为什么能成为捕食高手？

除了捕食速度很快，螳螂成为捕食高手还有两个原因。一是它有保护色，通常它不是待在地上而是树枝草叶上，身上的颜色能与周围的环境保持一致，让人不易发觉。二是它会拟态，常常伪装成一朵花，勾引其他昆虫吸食花蜜，然后乘机捕食。

螳螂是害虫吗？

对于农业害虫来说，螳螂是很凶猛的天敌，所以别看螳螂凶猛，它其实是一种益虫哦！

知识小链接

螳螂"格调高雅"，只吃活的虫子，腐肉它看都不看一眼。

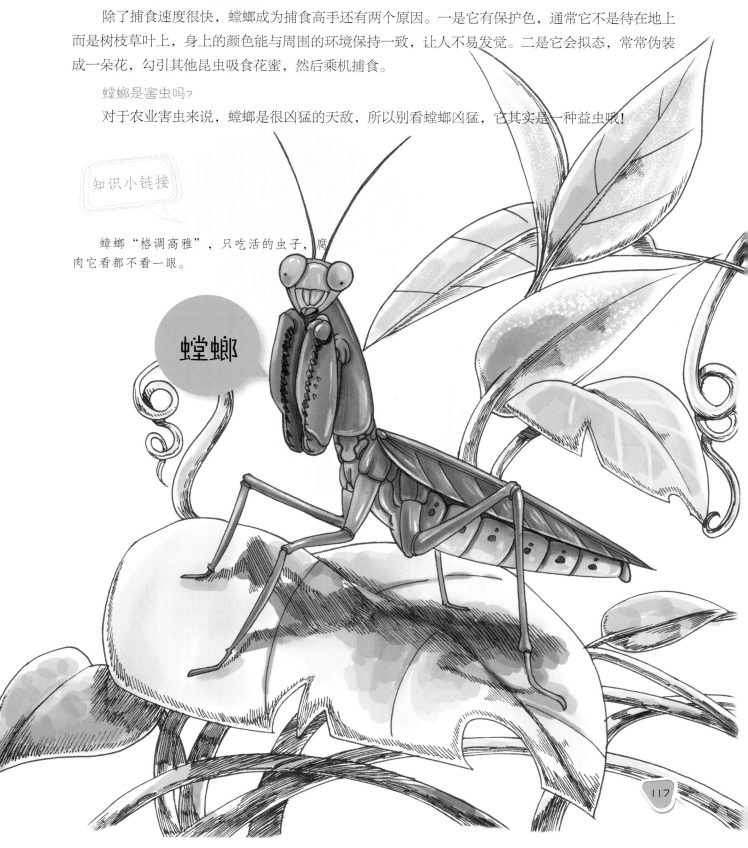

螳螂

提着灯笼的昆虫——萤火虫

你知道吗?

萤火虫是一种很神奇的昆虫,被人们认为是美好的象征。它的飞行速度缓慢,可以明显看到荧光形成的轨迹,就像流动的萤火,所以人们给它取了个很美的名字——流萤。

萤火虫是怎么发光的?

萤火虫的肚子上有七八节腹板,雄虫的肚子末端有两块腹板能发光,雌虫只有一节,奥秘是里面有发光器,体内生成的荧光素和荧光素酶反应后就会生成黄绿色荧光。

萤火虫为什么要发光?

萤火虫从幼虫变为成虫以后,只有5天的寿命,这5天中它的主要任务就是靠荧光来吸引异性,传宗接代。

知识小链接

发光是十分耗费体力的活动,所以为了节约体力繁衍后代,萤火虫只在夜晚发光,白天是不会浪费力气的。

萤火虫

萤火虫生活在哪儿？

萤火虫分为水生和陆生两种，可以生活在水里，也可以生活在陆地上。

萤火虫怎样用光来吸引异性？

荧光是萤火虫互相"交流"的主要方式。雌虫发出"亮、灭、亮、灭"的信号，中间相隔的时间十分短暂，即使人眼分辨不出来，雄虫也能准确地识别这种"灯语"，并立即用相同的信号做出回应，最后飞到一起结成配偶。

雄性萤火虫会主动"示爱"吗？

雄虫也可以主动向雌虫发出信号"示爱"，如果多次没有得到回应就会重新寻找下一个目标。可见荧光对于萤火虫的繁殖是相当重要的。

知识小链接

能够飞舞的都是雄性萤火虫，雌虫是没有翅膀的，不能飞，但个头比雄虫大，亮光也比雄虫强些。

萤火虫

"朝生暮死"的昆虫——蜉蝣

你知道吗？

蜉蝣的生命很短，古人经常用蜉蝣"朝生暮死"来形容生命的短暂和可贵。

蜉蝣真的是"朝生暮死"吗？

科学家告诉我们，如果从成虫开始算起直到蜉蝣死亡，它的确只能活一天，"朝生暮死"确实不假。但如果从卵就开始计算，那就远远不止一天了。

蜉蝣的生命到底有多久？

蜉蝣在变为成虫以前，幼虫至少要在水中生活 1～3 年，不仅不算"短命"，而且还属于昆虫界的长寿者呢！

春、夏两季的傍晚，经常会看到成群的蜉蝣结成团一起飞行，这叫"婚飞"，雌虫会独自飞入雄虫群进行交配，之后在水中产卵。

蜉蝣

蜉蝣的幼虫在水底吃什么？

春、夏两季，雌虫会将卵产在水中，黏附在水底的岩石砂砾上，幼虫孵出以后至少会在水里生活一年左右，吃水底的植物或者碎屑过活。

幼虫是怎样上岸的？

幼虫在水底经过 20 ~ 24 次蜕皮，之后就准备上岸了。它爬到水边的石块或植物上，日落后羽化成亚成虫。可这还没完呢，亚成虫要经过 24 小时以后蜕皮才能成为成虫，这就是我们通常看到的蜉蝣了。

蜉蝣的一天生命主要做什么事情？

蜉蝣在一天内主要负责交配和产卵，然后很快死去，十分悲壮。

知识小链接

蜉蝣的幼虫在水底蜕皮有时甚至多达 40 次。

蜉蝣

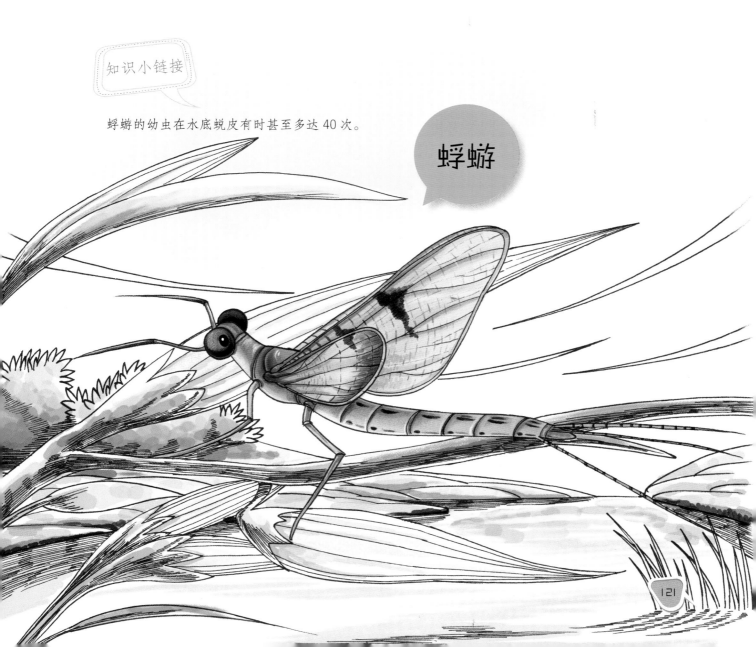

会"格斗"的歌唱家——蟋蟀

你知道吗？

蟋蟀就是我们经常所说的"蛐蛐儿""促织"。

蟋蟀是用嘴巴"唱歌"的吗？

蟋蟀不用嘴巴"唱歌"，它是通过翅膀的摩擦发出声音的。它右边的翅膀上有一个像锉一样的短刺，左边的翅膀上有一根像刀一样的硬棘。左右翅膀一张一合，就能相互摩擦引起震动，发出悦耳的声响。

蟋蟀的"歌声"代表什么？

蟋蟀发出不同的音调代表不同的意思，夜晚响亮的长鸣既可以用来求偶，又可以警告别的雄蟋蟀禁止进入，当领地受到侵犯时，它会急促地鸣叫以示警告。

知识小链接

我们经常听到的蟋蟀鸣声都是雄蟋蟀发出来的，雌蟋蟀不会发声。

蟋蟀

人们为什么喜欢"斗蟋蟀"？

斗蟋蟀在我国已有上千年的历史了，是一项很普遍的传统文化活动，这与蟋蟀好斗的性格是分不开的。

雄蟋蟀为什么到一起就打架？

雄蟋蟀不喜欢群居，除了交配时期能和雌蟋蟀住在一起，其他时间都是独立生活，绝不和其他蟋蟀同住。因此，雄性之间彼此不能容忍，一旦碰面，先是竖起翅膀鸣叫一番，紧接着就头对头，张开钳子似的大口互相对咬，还用脚互相蹬踹。

蟋蟀住在哪儿？

蟋蟀喜欢住在疏松的土洞里，因此在土墩、土墙附近经常能看见它们的身影。

知识小链接

蟋蟀其实是一种古老的昆虫，它们存在在地球上至少有 1.4 亿年了。

蟋蟀

水上的自由滑行者——水黾

你知道吗？

水黾（měng）的"轻功"很好，能在水面上自由滑行。

水黾长什么样？

水黾的肚子上有一层非常细密的银白色短毛，就像穿了一件丝绒衣服一样，它有一对短腿和两对长腿，都有防水的功能。

水黾为什么可以浮在水上？

水黾的腿能够排开相当于自身 300 倍重的水量，平时向外伸展着又增大了与水面的接触面积，减少了单位面积水所承受的重量，产生了巨大的浮力，因此它能浮在水面上。

水的张力使得比一滴水小的昆虫无法进入水面以下，所以即使水黾想下去也不行。

水黾

水虻为什么可以在水上快速行走？

水虻的 6 条腿长着数千根向同一方向生长的细密短毛，每条腿都在水面形成凹槽，短毛吸附的空气形成气垫，从而让水虻能够在水面上自由地穿梭，却不会将腿弄湿。这样它就能以极快的速度在水面上滑行，以捕捉猎物了。

水虻在水上的滑行速度有多快？

它在水面上每秒钟可以滑行相当于身体长度 100 倍的距离，这就相当于一个身高 1.8 米的人以每小时 643.6 千米的速度游泳，十分厉害。

水虻还有什么本领吗？

除了滑行快以外，水虻的复眼也很发达，因此视力很好。

知识小链接

有些水虻喜欢生活在流动的水面上，也喜欢静止的水面。

水虻

昆虫界的伪装大师——竹节虫

你知道吗？

竹节虫是世界上最长的昆虫。

竹节虫有多长？

曾经有人发现过一只像竹子一样的竹节虫，身体暗绿色，如果把嫩枝一样的双脚也算在内的话，它足足有 56.7 厘米长。

竹节虫的生活习性有什么特别之处吗？

竹节虫主要在夜晚出来吃东西，白天就躲在树枝上伪装休息。它的繁殖方式也很特别，有的种类雌虫不经交配也能产卵，而且多孵化成雌虫，不过它的卵要经过一两年才能孵化。

知识小链接

竹节虫的幼虫很厉害，遇到危险时可以断足逃走，之后脚可以重新长出来。

竹节虫

竹节虫有什么本领？

竹节虫是自然界中很厉害的"伪装大师"，它的伪装效果叫人惊叹。

竹节虫怎样伪装自己？

竹节虫不仅具有保护色，还具有保护形态，它天生长得就是一节竹子的样子，当栖息在树枝上时，一动不动的，跟一截枯树枝或者枯竹子没什么两样。有些竹节虫在受到惊吓落到地面以后还会继续装死，营造假象。

竹节虫也会帮下一代伪装吗？

竹节虫不仅自己伪装，它的卵也有美丽的花纹，看上去就像植物的种子，混在枯枝落叶中，根本不能被发现。

知识小链接

竹节虫喜欢吃树叶，是一种森林害虫。

竹节虫

世界上脚最多的昆虫——马陆

你知道吗？

马陆又叫千足虫，是世界上脚最多的动物。

马陆是一种蜈蚣吗？

马陆和蜈蚣外形有点相似，身体都是一节一节的，都有很多脚，它们虽然都属于多足纲的节肢动物，但完全是两种不同的物种。

马陆有多少只脚？

不同的马陆身体由不同数量的体节组成，从11节到100多节都有，第1节与头相连，没有长脚，第2节到第4节每节长一对脚，从第5节开始就每节长两对脚了，总共加起来能多达750只脚。

马陆的寿命在一年以上，每年只繁殖一次。

马陆

马陆有那么多脚，走路一定很快吧？

马陆虽然脚很多，但行动却十分缓慢，所以受到惊吓时它并不能迅速逃走，而是将身体蜷曲起来，顺势滚到一边装死，将背上的硬壳对着外面，过一段时间等危险解除了再展开身体逃走。

马陆怎样保护自己？

马陆没有毒，也不会像蜈蚣一样蜇人，但是它也有自卫本领，它的体节上有臭腺，能分泌很臭的液体，家禽和鸟类都不敢啄它。

马陆喜欢生活在什么地方？

马陆喜欢潮湿阴暗的环境，经常生活在瓦砾石块下。

马陆脚多，走路时身体是以波浪形向前推进的。

马陆

推着粪球行走的昆虫——屎壳郎

你知道吗？

屎壳郎是人们对这种昆虫的俗称，它的学名叫作"蜣螂"。

屎壳郎长什么样？

屎壳郎背着硬硬的甲壳，多是黑色的，在黑色中泛着彩色的光泽。它主要以动物的粪便为食，素有"大自然的清道夫"的美称。

屎壳郎为什么要推粪球？

屎壳郎将粪便推成球，可以滚到可靠的地方藏起来慢慢吃掉，也可以为养育下一代做准备，将粪球埋入洞穴中，作为屎壳郎宝宝的天然食物。粪球虽然臭，可这是它们最爱吃的美味！

别小看脏兮兮的粪便，大象的一堆便便能养活 7000 只屎壳郎呢！

屎壳郎

屎壳郎怎么找到粪便?

雄屎壳郎的头顶长着一个长而弯曲的角状突起,能够让它准确定位食物的位置。

屎壳郎的粪球是如何做成的?

找到食物以后,屎壳郎会将粪便搓成球状,用两个强壮的前肢倒立着,后腿推着粪球倒着走,一直推到早就挖好的洞穴口。

屎壳郎的卵产在哪儿?

雌屎壳郎会将粪球做成鸭梨形,在稍微凸出来的那一端挖个小洞,将卵产在里面,之后将粪球埋入洞穴。就这样,宝宝还没有出世,妈妈就为它们准备了丰盛的食物。

知识小链接

大象每天在草原上留下数百吨便便,要是没有屎壳郎,那儿的环境将不堪入目,所以屎壳郎虽小,但功劳可大了。

屎壳郎

从来不生病的昆虫——苍蝇

你知道吗？

蛆是哪儿来的？其实它是苍蝇的卵孵化出来的幼虫！

为什么苍蝇喜欢不停地搓脚？

仔细观察苍蝇，你会发现，苍蝇停下时总喜欢将前面的两只脚搓来搓去。那是因为它的味觉器官长在脚上，碰到什么食物都要用脚搓一搓尝一尝。不过这样的话，它的脚上就会沾上很多食物，耽误飞行，所以搓脚也是为了搓掉食物残渣。

为什么苍蝇爬过的东西不能吃？

苍蝇喜欢到处飞，脚上沾上了腐肉、粪便等脏东西，携带了大量病菌，因此苍蝇爬过的食物千万别吃，以免感染疾病。

苍蝇的繁殖力特别旺盛，它一年之内可以繁育10～12代。

苍蝇

苍蝇到底有多脏？

苍蝇身上携带了大量的病菌，一只小小的苍蝇身上的细菌数量有时多达 700 万个。

为什么苍蝇自己不生病？

苍蝇身上有那么多细菌自己却不生病，这是因为苍蝇有特殊的消化道，它吃下带病菌的食物后，会快速进行消化，然后迅速排出，整个过程只有 7 ~ 11 秒，这么短的时间病菌连繁殖都来不及，根本不会对它造成威胁。

苍蝇怎么吃东西？

苍蝇不会咀嚼，它常用吸管一样的嘴巴吸食液体。因此，它吃东西时会先吐出嗉囊液将食物消化一番，然后吸食，通常是一边吐一边吃一边拉。

苍蝇

知识小链接

苍蝇交配时两只粘在一起，同飞同行，一次交配之后雌蝇可以终身产卵，这在动物界中是很少见的。

昆虫界的"吸血鬼"——蚊子

你知道吗?

蚊子不是每个人的血都爱吸,它特别喜欢那些体温高、爱出汗的人的血。

所有的蚊子都吸血吗?

并不是所有蚊子都吸血,一开始雌蚊和雄蚊都不吸血,都以植物的汁液为食,但当雌、雄蚊子交配以后,雌蚊就改"吃荤",开始吸血了。而雄蚊呢,一直保持素食者的姿态,始终只吸取植物茎、叶、果实的汁液,不吸血。

蚊子为什么爱吸血?

只有吸了血,雌蚊的卵巢才会发育,从而孕育下一代,所以它会想尽办法吸取血液。

知识小链接

蚊子很贪婪,它的唾液里含抗凝素,它在吸血前会给人"打上一针",使血液不会凝固,这样只要不被人发觉,它就可以想吸多少吸多少。

蚊子

蚊子吸血有什么害处？

蚊子吸血的时候会传播 80 种以上的疾病，对人类危害很大。

冬天的时候蚊子都死了吗？

到了冬天，大部分的苍蝇会死去，但狡猾的蚊子却不会死，它们会找个阴暗潮湿的地方躲起来越冬，等到春暖花开的时候就又出来"为非作歹"了。

蚊子是怎么过冬的？

除了以成虫的形式过冬外，有些蚊子也会以卵的形式过冬，卵一般会产在水里，随着水温降低冰冻起来，来年才会解冻孵化。有少数的卵孵化成幼虫以后也能越冬，它们御寒能力极强，一整个冬天也会安然无恙。

蚊子

知识小链接

雄蚊不会吸血，只有雌蚊才会，它们吸了血以后卵巢才能发育，从而繁育后代。

跳高跳远"全能冠军"——跳蚤

你知道吗？

跳蚤是一种害虫，人被它咬过以后会出现皮肤湿疹等现象。

跳蚤的跳跃能力怎么样？

跳蚤最高可以跳到 19.7 厘米，最远可以跳过比自己身体长 350 倍的距离，相当于一个人从足球场的一头跳到另一头，而且它跳到半空中还会改变方向，甚至翻筋斗，真是当之无愧的跳远、跳高"全能冠军"。

跳蚤为什么能跳那么高？

它为什么具有如此惊人的跳跃本领呢？原来它用来跳跃的一对后腿比身体还要长，而且十分粗壮有力，跳跃时能爆发出惊人的力量。

知识小链接

跳蚤的外壳可以承受相当于它体重 90 倍的重量，极具保护力。

跳蚤

跳蚤吸血吗？

蚊子只有雌蚊在交配以后吸血，可跳蚤要比蚊子可恶多了，不管雄跳蚤还是雌跳蚤，逮着机会就吸血。它可以一整年不吃任何东西，但一有机会就会吸血。

跳蚤喜欢生活在什么地方？

跳蚤喜欢寄生在哺乳动物身上，各种动物的皮毛上都有它们的踪迹，雌跳蚤吸完血以后还会将卵产在动物皮毛中。

如果被跳蚤咬了怎么办？

被跳蚤咬了以后可以涂点花露水，再涂点激素类的药物，之后要全面打扫住所，被子、衣物需要用开水烫过再在阳光下暴晒，还可以喷洒跳蚤杀虫剂，这样才能消灭跳蚤。

跳蚤

知识小链接

地毯是藏污纳垢的地方，也是跳蚤的温床，因此，家里如果养宠物最好不要使用地毯。

打不死的昆虫——蟑螂

你知道吗？

有人曾摘下一只蟑螂的头，结果它还顽强地活了 9 天，最后还是被饿死的。

蟑螂为什么很难打中？

蟑螂的尾巴上有 440 个"风感受器"，能感觉到微弱的气流变化，当空气的流变产生每秒 600 微米的加速度，它就会在千分之四十四至五十四秒内逃开，难怪我们打不中它了。

蟑螂吃什么？

蟑螂什么都吃，糕点、肥皂、衣物、电线、纸张、垃圾、粪便、尸体等，它们一边吃一边传播细菌，是人类健康的一大危害。

知识小链接

蟑螂很怕光，经常在夜间活动，如果突然开灯，时常可以看见它们四处逃散的身影。

蟑螂

蟑螂年龄多大了？

蟑螂是十分古老的生物，恐龙生活的时代它就已经存在了。

蟑螂为什么能存活下来？

蟑螂喜欢穴居，十分耐热耐寒，生命力极其旺盛。科学家在煤炭和琥珀中发现的蟑螂化石和现在的蟑螂并没有什么大的差别，亿万年的演变都没有改变它的面貌，可见它是多么的顽强。

蟑螂的繁殖能力怎么样？

蟑螂有超强的繁殖能力，一只雌蟑螂一次最多可以产下90多个卵鞘，一个卵鞘最多可以孵化50多只小蟑螂。

蟑螂

知识小链接

蟑螂可以忍受很高的辐射量，比人类能忍受的多多了，希沃特的辐射可以杀死一个人，可那对于蟑螂来说只是小菜一碟。

昆虫界的"抢劫犯"——蓄奴蚁

你知道吗？

蚂蚁界中有一种很强横的蚂蚁，自己从不劳动，专门抢劫别人。

蓄奴蚁为什么要抢劫其他的蚂蚁？

蓄奴蚁虽然有一张锋利的大嘴，但不会自己进食，想要活下去，只能靠抢劫别的蚂蚁来喂养自己。

蓄奴蚁能"百战百胜"吗？

它们必须要打有准备的仗，不然如果贸然出击却抢不到蚂蚁，就会面临饿死的危险，因此每次"作案"前它们都要派"侦察兵"好好侦察一番。

蓄奴蚁

知识小链接

由于生存需要，长期的进化让蓄奴蚁群战斗力十分强大，它们关节处都长出了弯钩刺，甲壳也是普通蚂蚁的两倍厚。

每个蓄奴蚁需要几个奴隶才能生活？

一个奴隶给蓄奴蚁喂完食以后，会由另外一个负责为它清洁身体，还有一个奴隶负责清理它的便便。所以一个蓄奴蚁至少要有 3 个奴隶来为它干活。

蓄奴蚁是怎样抢劫蚂蚁的？

"侦察兵"侦察到可打劫的蚂蚁以后，蓄奴蚁就带着群蚁向目标进攻，首先她假装被对方的兵蚁打倒，被对方抬入蚁穴中供蚁后享用，然后会立即跳起来反咬一口将对方的蚁后杀死，将其信息素涂抹在自己身上冒名顶替，一举擒获整个蚂蚁家族。

蓄奴蚁只会"连锅端"吗？

除了占领人家的蚁巢，有时蓄奴蚁也会将对方蚂蚁的卵抢回自己的巢中，孵化出来的小蚂蚁就是天生的"奴隶"了。

蓄奴蚁

知识小链接

蓄奴蚁虽然强悍，但如果被抢劫的蚂蚁群起反抗，弃巢而去，它们可就惨了，必须在入夜前抢劫到新的蚁群，否则就要被饿死或冻死了。

庄稼的天敌——蝗虫

你知道吗？

蝗虫的嘴巴很厉害，上颚十分坚硬，所以它能啃食大量植物。

蝗虫吃什么？

蝗虫喜欢吃肥厚的叶子，红薯、空心菜、白菜是它的最爱，当然水稻、小麦、玉米、高粱等，只要是农作物它都照单全收。

为什么蝗虫是庄稼的敌人？

有时候成群的蝗虫飞来，铺天盖地、遮天蔽日，所经之处农作物一点儿都不剩，绿地变成荒原。一个蝗虫群一天就可以吃掉几十万吨的谷物。

蝗虫

知识小链接

蝗虫数量繁多，全世界1/8的人口都会受到它的困扰，是真正的农业大害虫。

蝗虫生活在什么地方？

蝗虫适应环境的能力极强，能生活在各种各样的地方，森林、洼地、半干旱草原等地方最多。

蝗虫能吃吗？

蝗虫又叫蚂蚱，它的肉质松软鲜嫩，营养丰富。据专家考证，它除了含有大量的蛋白质以外，还含有 18 种氨基酸及多种活性物质，是一种健康食品。

什么叫"蝗灾"？

蝗虫喜欢温热干燥的环境，干旱常常会让蝗虫的繁育大大增强，不计其数的蝗虫飞过农田，啃食农作物的茎叶和果实，使农民们颗粒无收，造成饥荒，所以蝗灾往往与旱灾相伴而生。

知识小链接

蝗虫的两条后腿强壮有力，十分善于跳跃，它的翅膀也很发达，能飞很远。

蝗虫

华而不实的昆虫——金龟子

你知道吗？

古埃及将金龟子视为永恒的象征，所以古埃及文化中经常会看到金龟子的身影。

金龟子和乌龟有关系吗？

乌龟是卵生爬行动物，而金龟子是一种昆虫，两者并没有什么关系。从形态上来看，硬说它们有什么关系的话，大概金龟子的壳跟乌龟壳一样，是保护自己的一大防御武器。

金龟子长什么样？

金龟子的壳不仅硬，而且泛着金属光泽，有铜绿色的、茶红色的、黑金色的，等等，十分华丽耀眼。

金龟子

知识小链接

值得一提的是，独角仙也属于金龟子中的一类，不仅壳坚硬，外形也非常美丽，在头上伸出一个角来，十分有趣。

金龟子的美丽外壳有什么用？

金龟子的壳很硬，能够很好地保护自己，而且它漂亮无比，为收藏家所好，也常被人用作装饰品。

金龟子是益虫吗？

金龟子有美丽的外衣并不代表它对人类有好处，它吃葡萄、苹果、桃子、柑橘等果子，更危害柳树、桑树等树木，是一种农业害虫，而且它每隔几年就要来一次大繁殖。

金龟子的幼虫生活在哪儿？

金龟子的幼虫潜伏在土壤里，将身体蜷成一个"C"形，经常破坏植物的根系，会危害农作物的生长。

知识小链接

金龟子的种类繁多，全球有 2.6 万多种。

金龟子

头上长角的昆虫——天牛

你知道吗？

天牛被捉到的时候会发出"嘎吱、嘎吱"的声音，像是在锯树一样，所以也被叫作"锯树郎"。

天牛和牛有什么关系？

它和牛没有什么关系，只是因为力气比较大，身体壮如牛，能在天空中飞翔，所以才叫"天牛"。

天牛长什么样？

天牛最大的特征是它的头上长有一对长长的触角，身体上覆盖着一层长圆筒形的硬壳，壳的颜色各异，有的还有鲜艳的花斑。

知识小链接

天牛的种类繁多，超过4万种，全世界都有它们的踪影，在我国常见的就有3550种。

天牛

天牛是益虫吗？

天牛和金龟子一样，不仅吃各种果子，危害树木，而且它比金龟子更"臭名远扬"，嘴巴上的一对"大钳子"十分厉害，还会吃农作物，棉花、玉米、高粱、甘蔗等都是它爱啃的，甚至还会损坏建筑物的木材。

天牛的幼虫也是害虫吗？

天牛的幼虫生活在树上，对树木也有很大的危害。

天牛有什么益处吗？

天牛虽然名声不好，但有一样好处，就是小朋友们如果捉到它，可以在它腿上绑一根细线，任其飞翔或者是进行各种天牛比赛，其乐无穷。

知识小链接

每到秋冬季节，人们都会为大树的根部刷上白色的外衣，这是防止害虫在树干上产卵，是一种防治措施。

天牛

ANIMAL ENCYCLOPEDIA

寻找飞鸟家园

翻开本书，你便会进入一个栩栩如生的动物世界，和形形色色的动物成为好朋友，在不知不觉中悄然成为动物科普小专家。

猫头鹰

知识小链接

　　猫头鹰最喜欢捕捉老鼠，一个夏天能吃掉 1000 多只，即使它吃饱了，一旦发现老鼠还是会想方设法消灭它，真是一位尽职的"森林卫士"。

森林卫士——猫头鹰

你知道吗？

　　猫头鹰都是在夜间活动和捕食的，视力非常好。它的眼睛不会转动，头却可以转动 270°，几乎是整整一圈。

猫头鹰长什么样？

　　猫头鹰面部的羽毛是辐射状的，看起来就像一张"脸"。"脸"的正前方有两只大眼睛，在夜晚看得尤其清楚。

猫头鹰有什么本领？

　　猫头鹰的听力非常好，森林里哪怕有一点点微弱的声音它都能听见。它的翅膀上长有特殊的羽毛，能够消除飞行时拍打翅膀发出的声音，因此它俯冲下来捕捉猎物的时候都是悄无声息的。

空中的"强盗"——军舰鸟

你知道吗？

军舰鸟虽然生活在海边，但它的羽毛上没有油，沾上水就湿了，所以它一般不潜入海水中捕鱼，而且它很爱护自己的羽毛，每次吃完食物都要到水边清洗一番。

军舰鸟长什么样？

军舰鸟身体轻盈，翅膀又细又长，胸脯那儿有一个裸露皮肤的红色喉囊。

为什么说军舰鸟是"强盗"？

军舰鸟无法潜入海水中，所以它喜欢抢劫别人的食物。每当海鸥、海燕、鸬鹚等海鸟从海里捕到新鲜的大鱼时，它就会立即追上去，用带钩的长嘴咬住它们的尾巴或皮毛拼命撕扯。那些海鸟为了保住小命，只得乖乖地把刚到嘴的食物吐出来。

知识小链接

军舰鸟虽然霸道，但它从来不捕食其他海鸟。

军舰鸟

翅膀可以"脱卸"的鸟——四翼鸟

你知道吗？

四翼鸟的照片很难拍到，因为它总是昼伏夜出，只在黄昏后出来活动觅食，白天基本都是隐蔽起来的。

四翼鸟长什么样？

四翼鸟的体型不大，身长 31 厘米左右，翅膀约有 17 厘米。

四翼鸟有什么本领？

四翼鸟每到交配季节就会从翅膀上生出一对长长的羽翅，虽然四翼鸟身长只有 31 厘米，可这对羽翅却长达 43 厘米，比身体长多了。飞行的时候，它的羽翅会高高地竖立起来，看起来就像长了四只翅膀一样，所以得名"四翼鸟"。

知识小链接

四翼鸟的羽翅只是雄鸟用来吸引雌鸟的一种方式，等繁殖期一结束，它就会毫不犹豫地折断那两根妨碍它展翅高飞的装饰品。

四翼鸟

排队飞行的鸟——大雁

你知道吗？

大雁是一种很有纪律的动物，它们迁徙飞行的时候领头的大雁一般是比较有经验的，身强力壮的大雁轮流带队飞行，年老体弱的大雁一般都插在中间。

大雁长什么样？

大雁的羽毛大多是褐色、灰色或白色的，它的个头一般比较大，翅膀长而尖，脖子粗短。

大雁飞行的时候怎么排队？

大雁的迁徙需要两个月才能到达目的地，这段路程是十分遥远的，靠自己单独飞行可太累了，因此它们喜欢成群结队地排成"一"字形或者"人"字形的。

飞行时，前面大雁的翅膀扇动会给后面的大雁制造一股向上的气流，后面的大雁就会很省力了，所以它们喜欢排队飞行。

大雁

又懒惰又狡猾的鸟——杜鹃

你知道吗？

杜鹃虽然"名声"不大好，但是它能消灭害虫，尤其喜欢吃松树的敌人——松毛虫，是个不折不扣的"森林卫士"呢！

杜鹃长什么样？

多数杜鹃的尾巴都不长，有白色的羽毛做点缀，全身的毛大多数会呈现明亮的鲜绿色。

杜鹃的"坏名声"是怎么来的？

杜鹃自己从来不孵蛋，而是将蛋产在别人的鸟巢中，请别人代劳。杜鹃十分狡猾，它不直接将蛋产在别人巢里，而是先产在地上，等人家"外出"了，就赶紧衔上一两枚放进去，有时它会请好几个"养母"来分别养育自己的孩子。

知识小链接

小杜鹃也不是省油的灯，它一出生就会把其他还在孵化的蛋拱出巢外，独霸"养母"的爱。

杜鹃

露着脖子的猛禽——秃鹫

你知道吗？

在我国最著名的秃鹫是胡秃鹫，也就是人们所说的"座山雕"。它长着一脸的"络腮胡子"，不仅吃腐肉，而且捕食活的动物，特别喜欢吃山羊，还连骨头都不吐。

秃鹫长什么样？

秃鹫长得很丑，头上有几根稀稀的绒毛，像癞子头，脖子光溜溜地裸露着，却非要穿件带"皱领"的绅士衣服，样子十分滑稽。

秃鹫头顶的毛哪儿去了？

这都是贪吃惹的祸。秃鹫喜欢吃腐肉，头上光溜溜的方便它将头伸进动物的肚子里掏食柔软的内脏，久而久之秃鹫就成"秃子"了。

秃鹫

知识小链接

秃鹫的秃头不是一点儿好处都没有，吃完大餐以后它喜欢在太阳下晒晒，头上的细菌和寄生虫就会被杀死，它就不会因为吃死尸而得传染病了。

体形最小的鸟类——蜂鸟

你知道吗？

蜂鸟是鸟类中体型最小的，但它的翅膀拍打频率极快，因此新陈代谢十分旺盛，心跳能达到每分钟 500 下。

蜂鸟长什么样？

蜂鸟的羽毛非常鲜艳，散发着蓝绿色、紫色、红色、黄色的光芒，就像宝石一般，而且它十分爱惜它的这身"衣裳"，整天在空中飞行，偶尔才会擦过草地。

蜂鸟有什么绝技？

蜂鸟的飞行技巧十分卓越，是唯一一种可以向后飞的鸟儿，而且能像直升机那样上升和下降，更绝的是它能扇动着翅膀使自己停留在半空中，这样它就能将嘴巴伸入花冠里吸食花蜜了。

蜂鸟

知识小链接

蜂鸟身体轻巧，翅膀震动有力，每秒钟能拍 50～70 次，能使飞行时产生的浮力与身体的重力刚好一样，所以它能在空中任意悬停。

打着灯笼的鸟——萤鸟

你知道吗？

在非洲的森林里，有一种萤鸟，有时被当地人捉来养在笼子里当灯笼用，既方便又经济，受到人们的欢迎。

萤鸟长什么样？

萤鸟体态小巧，身体是椭圆形的，像一个纺锤，全身都是杏黄色的。

萤鸟有什么本领？

萤鸟的头部和翅膀长着羽毛，身体的其他部分都裹着一层淡黄色的硬壳，硬壳里面藏着一个"发光器"，构造十分巧妙，里面有发光层，由发光素、发光酶和吸气管组成。吸气管不断地吸氧气，整个身体就不断地发出闪闪的光了。

知识小链接

还有很多生物像萤鸟一样会发光，例如居住在海底午夜区的很多鱼类，通常它们都有使自己发光的本领，引来猎物上钩，乘机饱餐一顿。

萤鸟

飞得最快的鸟——雨燕

你知道吗？

雨燕是鸟类中飞得最快的鸟，据说每小时可以飞行110千米。但它的脚很短小，不适合走路，所以除了停下来休息，其他时间它都在不停地飞行。

雨燕长什么样？

大部分雨燕羽毛都不鲜亮，十分黯淡，只有少数种类会有蓝色、绿色或紫色的羽毛。和燕子一样，雨燕的尾巴也像一把剪刀。

雨燕有什么本领？

雨燕的飞行速度很快，能够一边飞一边捕食飞虫，喜欢生活在气候温暖湿润的地方，因为空气中有大量的虫子。

雨燕

知识小链接

雨燕喜欢把巢安在枯树枝里，有些雨燕是攀岩高手，喜欢把巢安在悬崖峭壁的岩石缝里，还有一些喜欢把巢安在城市大建筑物的顶上。

戴"礼帽"的飞行健将——北极燕鸥

你知道吗？

北极燕鸥极善飞行，它们身体轻盈，看似一阵风就能吹走，可实际上它们是所有鸟类中飞得最远的鸟儿。

北极燕鸥长什么样？

北极燕鸥的身体主要呈现灰白色，它的脚是红色的，像穿了一双小红靴子，头顶及颈部的羽毛是黑色的，像戴了一顶"礼帽"。

北极燕鸥有什么本领？

北极燕鸥是一种很轻盈的鸟儿，它可以长距离地飞行。当北半球处于夏季的时候它们就在北极圈内繁衍后代，当冬天来临时它们就开始了长途迁徙，一直向南飞，绕地球半周后来到南极洲享受夏季生活。

知识小链接

北极燕鸥每年在南极、北极之间往返，一年要绕地球一周，可真算是鸟类中的"飞行健将"了。

北极燕鸥

胆小怕事的鸟——丘鹬

你知道吗?

丘鹬（yù）的飞行速度是每小时 8 千米，是世界上飞得最慢的鸟。

丘鹬长什么样?

丘鹬是一种体形短小肥胖的鸟，腿也很短，看起来呆呆笨笨的，但嘴巴又长又直，全身的羽毛不鲜艳，多以黄褐色、灰黑色为主。它们生活在阴暗潮湿、落叶较多的丛林草地上。

丘鹬有什么特点?

丘鹬不仅飞行起来不利索，摇摆不定，似乎难以控制方向，而且胆子还特别小，白天基本上都隐藏在山林、灌木丛等地方不出来，等到黄昏以后或者是黎明来临前才敢出来寻找食物。

知识小链接

丘鹬虽然胆小，但实行"一夫多妻"制，雄鸟有好几个伴侣。

丘鹬

优秀的歌唱家——红嘴相思鸟

你知道吗？

红嘴相思鸟被人们视为忠贞爱情的象征，因为雌鸟和雄鸟经常在一起活动，形影不离。

红嘴相思鸟长什么样？

红嘴相思鸟又称相思鸟，非常漂亮，它的羽毛看上去整体呈橄榄绿色，其中夹杂着几抹嫩黄，小嘴巴则是鲜艳的红色，因而得名"红嘴相思鸟"。

红嘴相思鸟有什么本领？

红嘴相思鸟活泼好动，胆子也大，不怕人，喜欢在树上或者灌木间穿梭跳跃、飞来飞去，也喜欢在庭园、村舍、竹林间集群飞行穿梭，不停地欢跳和鸣叫。

知识小链接

红嘴相思鸟是优秀的歌唱家，尤其在繁殖期间的叫声更响亮婉转。

红嘴相思鸟

最长寿的鸟——信天翁

你知道吗?

信天翁很善于滑翔,成年信天翁展开翅膀时能有 3 米多宽,在有风的时候它们只要拍几下翅膀就能长时间在空中滑翔。

信天翁长什么样?

信天翁的个头大,羽毛整体呈白色,掺杂着深色羽毛。

信天翁为什么那么长寿?

信天翁是最长寿的鸟儿,野生信天翁能活到 80 岁。它们生活的海岛远离天敌,鸟爸爸和鸟妈妈在抚养宝宝方面又十分尽心尽力,经常把宝宝养得很大了才撒手,所以信天翁就普遍是长寿者啦!

信天翁

信天翁喜欢乘着风飞翔,在没有风的时候它们很难升空,因为它们身体很笨重,平时都喜欢懒懒地漂浮在海面上。

世界上最大的飞禽——安第斯神鹫

你知道吗?

安第斯神鹫体格十分强健,需要的生活空间也很广阔,它的双翅展开有 7 平方米左右,因此也被称为"令人难以置信的巨鸟"。

安第斯神鹫长什么样?

安第斯神鹫是世界上最大的飞禽,它身体的羽毛呈黑色,头和脖子都裸露着,雄鹫前额有一个红色的大肉垂,颈基部长着一圈白色的羽翎,一对翅膀上有很大的白斑。

安第斯神鹫有什么生活习惯?

它的嘴型虽然锋利,但喜欢吃腐肉,而且十分贪食,不吃完尸体是绝不会离开的。吃饱以后,安第斯神鹫常常会飞到高高的悬崖上久"坐",慢慢消化。它们的消化系统很发达,再多的食物也能消化掉。

知识小链接

安第斯神鹫的平均寿命是 50 年,生活在伦敦动物园的一只南美洲安第斯神鹫创造了纪录,活到了 73 岁,这是许多鸟类望尘莫及的高寿了。

嘴巴最大的鸟——巨嘴鸟

你知道吗?

人人都知道巨嘴鸟有个大嘴巴,其实它的舌头也很长呢!

巨嘴鸟长什么样?

巨嘴鸟的嘴巴像一把刀,而且非常漂亮,上半部分为黄绿色,下半部分呈蔚蓝色,嘴尖点缀着一点殷红。

巨嘴鸟的嘴巴有什么用途?

巨嘴鸟很笨重,不能站在树冠最外层的细枝上。如果它们想采摘那里的果子,巨大的嘴巴就能派上用场了,用嘴尖叼住果子,往上一甩,再一仰头,食物就落入喉中了。它巨大的嘴巴还能起到"吓唬人"的作用,使别人不敢贸然进攻。

知识小链接

它的大嘴巴其实没有想象中那么重,因为里面是中空的,非但不重,还相当脆弱,一不小心就会磕掉一块。

巨嘴鸟

俯冲速度最快的鸟——游隼

你知道吗?

游隼(sǔn)喜欢捕食空中的其他鸟类,是一种猛禽,一个不折不扣的"食肉动物"。

游隼长什么样?

游隼的羽毛整体呈蓝灰色,胸部的羽毛有横着的斑纹,爪子多是黄色,嘴巴与鹰类似,样子十分凶悍。

游隼有什么本领?

游隼是俯冲速度最快的鸟,它的俯冲动作曾被拍下来,超过了每小时 322 千米。游隼俯冲时不是一直走直线,这是因为游隼的头偏向一侧 40° 时视线是最佳的,飞行时如果要调整到这个角度就要影响飞行的速度,所以俯冲时为了更快,它宁愿走曲线。

知识小链接

游隼

在空中发现猎物时,游隼先用利嘴咬住对方的要害部位,并使劲击打使猎物受伤掉落,等猎物掉到地上再快速冲上前去按住它,动作十分精准迅猛。

寻找搭档的鸟——向蜜鸟

你知道吗？

向蜜鸟喜欢吃蜂蜜，而且它很聪明，为了防止被蜜蜂蜇，它还会寻找帮手。

向蜜鸟长什么样？

向蜜鸟有10厘米长，背上的羽毛黄色，胸部的羽毛灰黑色，尾巴上的羽毛是棕色夹着一些斑点，十分小巧可爱。

向蜜鸟有什么本领？

向蜜鸟的好搭档是蜜獾，当向蜜鸟发现了蜂巢就会叽叽喳喳叫着飞到蜜獾那里，在它的头顶盘旋。蜜獾明白这是发现好吃的了，就会跟着向蜜鸟到达蜂巢，皮厚肉粗的蜜獾和聪明的向蜜鸟会共享这顿美餐。

向蜜鸟

知识小链接

向蜜鸟和杜鹃一样，也会把卵产在别人的巢里，请别人代为哺育自己的孩子。

紧跟着游轮的鸟——海鸥

你知道吗？

海鸥是海上的"天气预报员"，它若是贴近海面飞行，那么未来的天气就会很好；它若是沿着海边徘徊，那么天气就会变糟了。

海鸥长什么样？

海鸥翅膀上面的羽毛是灰色的，头部、颈部、背部、腹部的羽毛都是白色的，尤其是腹部的羽毛像雪一样一尘不染、晶莹洁白，再加上它身体娇小、身姿矫健，十分惹人怜爱。

海鸥为什么喜欢跟着游轮？

游轮行驶过后会在空气中形成一股向上的气流，海鸥凭借这股气流，不用拍翅膀就能轻而易举地滑翔起来，十分省力。而且船尾翻腾起来的浪花还会将鱼虾翻上来，为海鸥带来美餐。

海鸥

知识小链接

海鸥是海上的"安全预报员"，它们常落在浅滩、岩石或暗礁周围群体鸣叫，给轮船发出提防撞礁的信号。

飞行最久的鸟——金鸻

你知道吗?

金鸻(héng)通常栖息于海滨、岛屿、河滩、池塘、沼泽等湿地中,生活离不开水。每年秋天它们都要飞到遥远的地方过冬。

金鸻长什么样?

金鸻有一双细而长的腿,可以快速行走,尾巴短而圆。它的羽毛一般都是黑色或黑褐色的,背上的斑纹是金黄色的,十分耀眼,因此叫作"金鸻"。

金鸻有什么本领?

金鸻的翅膀本身就又长又细,而且强健有力,遥远的迁徙也锻炼了它们的肌肉,因此金鸻拥有令人羡慕的远距离飞行能力,飞行速度一般都能达到每小时 90 千米,能在空中连续飞行 35 个小时,是飞得最久的鸟,有"旅鸟"的美称。

知识小链接

金鸻的分布范围非常有限,数量也正在减少,是一种需要保护的鸟儿。

金鸻

空中"杀手"——金雕

你知道吗?

金雕是一种广为人知的大型猛禽,它的爪子锐利无比,能轻易撕裂动物的皮肉,巨大的翅膀也是有力的武器之一,有时一翅扇过去就可以将猎物击倒在地。

金雕长什么样?

金雕样子十分凶悍,身体长度可达 1 米,腿爪上全部覆盖着羽毛,翅膀上的羽毛末端是金黄色的,因而得名"金雕"。

金雕的本领是什么?

金雕善于翱翔和滑翔,常常两翅上举呈"V"状,在高空中一边盘旋一边俯视地面寻找猎物。发现目标后它会迅速下降,落地后立刻收起翅膀,牢牢地抓住猎物的头部,将利爪戳进它的头骨。

知识小链接

如果抓到较大的猎物,它通常会先将其肢解,吃掉内脏,然后将剩下的分批带回家。

金雕

视力极好的鸟——鹰

你知道吗？

鹰是食肉猛禽，体型小的鹰喜欢捕捉老鼠、蛇、野兔或小鸟等小型动物，体型大的鹰可以捕捉山羊、绵羊和小鹿等。

鹰长什么样？

鹰有黑色羽毛或者带斑纹的灰黑色羽毛等，有的鹰头上的羽毛是白色的，喙和爪子是黄色的，鹰体态雄伟，性情十分凶猛。它的喙和爪子特别锐利，可以很轻易地撕碎猎物。它的胃肠也很发达，消化能力强，吃下去的老鼠一会儿工夫就能被消化个精光。

鹰有什么本领？

鹰的视力极好，它能观察比人眼多 30 倍距离的猎物，因此即使在 2000 米的高空翱翔，也能准确地发现地面上的小动物。

鹰

知识小链接

我国的《野生动物保护法》规定，所有的猛禽都属于国家二级以上保护动物。

会化装的鸟——雷鸟

你知道吗？

雷鸟由于长期在冰雪中生活，已经练就了一身抗寒的本领，例如它腿上的毛又厚又密，一直覆盖到脚趾。

雷鸟长什么样？

雷鸟是一种中小型鸟类，体长 36 ～ 40 厘米，从嘴角至眼后有一条黑色的过眼纹。

雷鸟怎么化装？

雷鸟是一种爱美的鸟儿，一年四季要不停地更换衣服，它的羽毛色彩会随着周围环境的变化而变化。每年雄鸟的"羽绒服"和"短袖衬衫"都会完全更换，而雌鸟就没那么爱美了，它的羽毛 3 年才更换一次。

知识小链接

雷鸟的羽毛具有很好的抗寒功能，因此它没有迁徙的习惯。

雷鸟

顾头不顾尾的鸟——黄腹角雉

你知道吗？

黄腹角雉只生长在中国，其他国家和地区没有发现过。

黄腹角雉长什么样？

黄腹角雉的羽毛看起来整体呈黄褐色，上面有斑点，头上的羽毛是橙红色的，点缀着翠蓝色及朱红色组成的艳丽肉裙，十分鲜艳。它腹部的羽毛是黄色的，因而得名"黄腹角雉"。

黄腹角雉会做什么傻事？

黄腹角雉身子粗笨，反应迟钝，不善于飞翔，喜欢在地上奔走，胆子也很小，活动十分隐秘，有时遇到危险来不及逃走会一头钻进杂草丛中，将身子露在外面，十分可笑。

别看黄腹角雉又呆又笨，它可是国家一级保护动物哦！

穿着"花衣裳"的鸟——太阳鸟

你知道吗?

太阳鸟体形纤细小巧,和蜂鸟一样喜欢吃花蜜,因而被誉为"东方的蜂鸟"。

太阳鸟长什么样?

太阳鸟披着鲜艳的羽衣,闪现红、黄、蓝、绿等耀眼的光泽,异常夺目,故名"太阳鸟"。每当天气晴朗、霞光映照的时候,太阳鸟和蝴蝶、蜜蜂等一起在花丛中成群结队地飞翔舞蹈,美丽异常。

太阳鸟的"花衣裳"有什么作用?

在繁殖季节,雄太阳鸟会在开阔的地方站在树枝上,对着众多雌鸟拍打翅膀或上下翻飞,让羽毛发出太阳一般的光芒,以此来吸引雌鸟的眼球,获得它们的青睐。

知识小链接

大多数鸟类中,雄鸟的羽毛一般都比同类雌鸟的羽毛鲜艳夺目,因为它需要在繁殖期借此来吸引雌鸟的目光。

太阳鸟

喜欢登高的鸟——朱鹮

你知道吗？

朱鹮（huán）是一种稀有的美丽鸟类，具有非常高的观赏价值，我国发行过不少有关朱鹮的邮票。

朱鹮长什么样？

朱鹮通体白色，长嘴巴的末端、头顶和脚呈红色。有趣的是，每到繁殖季节，它们的整个头部和颈部乃至肩部都会分泌出黑色的小颗粒，将头、颈、肩部的羽毛染成灰黑色。

朱鹮喜欢住在哪儿？

朱鹮喜欢栖身于安静的山地森林中，将巢安置在水域附近比较高大的树木上，比如杨树、松树等。它们的巢粗糙简陋，主要用枯树枝搭成，里面垫着细软的草叶、草茎和苔藓等保暖材料。

朱鹮

知识小链接

朱鹮是称职的父母，它们不仅会将半消化的食物喂给雏鸟，还会为雏鸟清理粪便。如果它们发现巢里脏了，就会叼走巢底的树枝，使粪便漏下去，或者把沾到粪便的软草叼走，重新叼来新的铺进去。

潜水能手——黑水鸡

你知道吗？

黑水鸡的雏鸟很勇敢，刚孵化的当天就能下水游泳。

黑水鸡长什么样？

黑水鸡看起来通体呈蓝黑色，嘴由红色和黄色组成，很鲜艳。脚黄绿色，脚的上部有一圈鲜红色的环带，非常醒目。

黑水鸡有什么本领？

黑水鸡喜欢栖息在芦苇丛生的湿地、沼泽、湖泊边，很会游泳，而且特别擅长潜水，它如果受到惊吓，会潜入水中游到 10 米开外才浮出水面。它还有一个特殊本领，能将整个身体潜藏在水下，只露出鼻孔呼吸。

黑水鸡

知识小链接

黑水鸡飞行速度缓慢，也飞不高，常常是紧贴着水面飞，过不了多久就又落到草丛里了。

捕鱼能手——翠鸟

你知道吗？

翠鸟的羽毛非常美丽，常用作衣物、摆设等的装饰品，但它喜好吃鱼，所以不受养鱼人的喜爱。

翠鸟长什么样？

翠鸟的嘴和脚都是赤红色的，腹部的羽毛栗棕色，背上的羽毛散发出翠蓝色的光泽，异常鲜艳夺目。

翠鸟有什么本领？

翠鸟喜欢隐藏在水边的树枝或岩石上，发现水中的猎物以后就极快地扎入水中，叼起猎物就立刻返回，慢慢享用。它们的视力很好，行动敏捷，百发百中。

知识小链接

翠鸟不喜欢过群居生活，总是单独行动。它一般栖息在有灌木丛并且水流清澈的小河、湖泊边，主要吃鱼，还吃甲壳类动物和水生昆虫。

翠鸟

尽职尽责的父亲——鸸鹋

你知道吗?

鸸鹋（ér miáo）又叫澳洲鸵鸟，有2米高，是仅次于非洲鸵鸟的第二大鸟类。

鸸鹋长什么样?

鸸鹋长得有点儿像鸵鸟，全身的羽毛灰色或褐色，头颈部裸露的皮肤呈蓝色。

鸸鹋为什么是伟大的父亲?

鸸鹋在繁殖期喜欢用树枝、树叶、树皮和干草在地上筑一个浅浅的巢。鸟妈妈生了蛋以后，鸟爸爸就负责孵蛋，要整整孵上两个半月，其间不吃不喝，整天坐在蛋上，每天只靠一点儿早晨的露水和身体积蓄的脂肪来维持生命。鸟宝宝出壳以后，鸟爸爸还要尽职尽责地继续照顾它两个月。

知识小链接

付出总会有回报，鸟宝宝跟爸爸的感情极好，会一直跟随他生活2年。

鸸鹋

飞得最高的鸟——大天鹅

你知道吗？

大天鹅游泳时脖子向上伸直，垂直于水面，缓慢从容，姿势十分优美。由于身体比较笨重，起飞不太灵活，所以除非迫不得已，它们一般很少起飞。

大天鹅长什么样？

大天鹅全身洁白如雪，嘴基部黄色，末端是黑色。它的嘴巴很厉害，为了能吃到淤泥下的食物，能挖地半米深。

大天鹅能飞多高？

大天鹅是一种候鸟，每年冬天为了寻找食物成群结队地飞往南方过冬。迁徙的时候，大天鹅会在 9144 米的高度飞越珠穆朗玛峰。它是世界上飞得最高的鸟，能飞到 17000 米的高空。

知识小链接

一对大天鹅夫妻会相伴一生，不仅在繁殖期成双成对，平时也是互敬互爱，如果一只遭遇不幸，另一只会终生单独生活，直到死亡。

大天鹅

最危险的鸟——鹤鸵

你知道吗？

鹤鸵的每只脚有三个脚趾，最内侧的那个脚趾上有一个匕首般的长指甲，长达12厘米，能挖动物的内脏，而对付狗和马只需一击即可毙命。

鹤鸵长什么样？

鹤鸵的头顶上有一个半扇状的角质盔，颈子的前面有两个鲜红色的大肉垂，裸露着的头颈为蓝色。全身覆盖着头发一样的羽毛。

鹤鸵有什么喜好？

鹤鸵对发光的东西特别感兴趣，当它们看到人类丢弃的炭火灰烬时，必定要上前啄弄查看一下，顺带吞几粒熄灭的炭块，可以帮助消化。

鹤鸵

知识小链接

鹤鸵生活在热带雨林中，能够奔跑而且擅长跳跃，叫声粗如闷雷，凶猛无比。2007年，它被吉尼斯世界纪录收录进"世界上最危险的鸟类"。

会储藏种子的鸟——松鸦

你知道吗?

松鸦在中国分布很广，是山林地区的常见鸟类之一。

松鸦长什么样?

松鸦通体呈红褐色，嘴巴、尾巴和翅膀上有蓝、白、褐等色彩变化。

松鸦喜欢储藏种子吗?

松鸦喜欢吃虫子，秋、冬季和早春虫子都冻死的时候，就主要以松子、橡子、栗子、浆果等各类果实和种子为食，吃不完的种子会被它贮藏在地上，但过不了多久，就连它自己也忘记了，或者干脆丢弃掉，因而传播了种子。

知识小链接

松鸦繁殖期会成双成对地活动，其他时候多聚集成 3～5 只的小团体四处游荡，落在树顶上，躲在树叶中，不时跳来跳去。

松鸦

"懒惰"的爸爸妈妈——戴胜

你知道吗？

2008年，有15万以色列人参加了"国鸟"的评选投票，最后的赢家就是戴胜，它成了以色列国鸟。

戴胜长什么样？

戴胜有细细长长的嘴巴，身上的羽毛呈黄褐色，翅膀上有黑白条纹，最奇特的是它的头上长着一簇羽冠，像一顶展开的凤冠，非常漂亮。

为什么戴胜很"懒惰"？

戴胜栖息于山地、平原、森林、河谷、农田、草地等开阔的地方，喜欢吃昆虫。在繁殖期虽然雌鸟和雄鸟会一同抚育鸟宝宝，但它们谁也不清理宝宝的粪便，所以戴胜又被人称作"臭姑姑"。

戴胜

知识小链接

戴胜觅食的时候头顶的羽冠常张开，就像一把扇子，受到惊吓以后会立即将羽冠收伏于头上，鸣叫时羽冠会随着叫声一起一伏，十分有趣。

分布最广的鸟——仓鸮

你知道吗？

仓鸮（xiāo）不过群居生活，经常单独活动，昼伏夜出，有时出没于荒宅、坟地或废墟中，叫声凄厉，让人听了毛骨悚然。

仓鸮长什么样？

仓鸮的脸跟猫头鹰有点儿相像，只不过它的脸是白色的，周围有一圈橙黄色的环。其余部分的羽毛整体呈褐黄色。

仓鸮的名字是怎么来的？

仓鸮栖息在开阔的原野、丘陵地带以及城镇、村庄附近的森林中，喜欢躲藏在废墟、阁楼、树洞、桥洞里，还特别喜欢躲在农家的谷仓里休息，所以得名"仓鸮"。

仓鸮是世界上分布最广的鸟，几乎整个地球都有它的踪影。

知识小链接

绿化功臣——卡西亚

你知道吗？

在秘鲁有一种会植树的鸟，叫"卡西亚"，它为秘鲁带来了大片的绿色，深受当地人的喜爱。

卡西亚长什么样？

卡西亚长得有些像乌鸦，有着黑黑的羽毛、白白的脑袋、长长的嘴巴，但它的叫声清丽婉转，十分惹人怜爱。

卡西亚是怎么植树的？

卡西亚非常喜欢吃甜柳树叶，它们会成群结队地在沙地上挖很多小坑，将甜柳树枝插在洞里慢慢享受柳叶的味道。吃完以后，它们会吐出黏黏的唾液涂抹在枝条上，甜柳树枝就能很快成活了。

知识小链接

遗憾的是，卡西亚的寿命很短，一般只能活 3 年，所以当地人十分注重保护它，谁也不准捕捉。

卡西亚

拥有最长羽毛的鸟——长尾鸡

你知道吗?

长尾鸡是一种观赏类的家鸡,如果它站在立架或者高台上,尾巴会一直垂到地面,十分美观,是观赏鸡中的佼佼者。

长尾鸡长什么样?

雌鸡和家鸡长得十分相像,公鸡却漂亮异常,有彩色的羽毛,头上有火红的肉质鸡冠,清晨时分也会打鸣。但它们产蛋和产肉的能力却很一般,只适合观赏。

长尾鸡的尾巴有多长?

长尾鸡虽然跟家鸡一样飞不远,但拥有鸟类中最长的羽毛。日本人善于培育长尾鸡,他们培育出来的长尾鸡的尾羽长度十分惊人,一般都可达到6~7米。

长尾鸡

知识小链接

最长的长尾鸡尾羽能达到12.5米,如果让它站在四楼,它的尾羽可以一直拖到底楼的地面上。

雌雄形体相差最大的鸟——大鸨

你知道吗？

大鸨（bǎo）喝水的时候很有趣，先是蹲下来或跪下来，将嘴微微张开插入水中，然后抬头大约呈 45°角，让水流向喉咙，迅速咽下，就像用勺子舀水一样。

大鸨长什么样？

大鸨的羽毛整体看上去呈灰褐色，腹部的羽毛是白色，它的翅膀大而且圆，雄鸟要比雌鸟漂亮些，它在喉部两侧有刚毛状的须状羽，就像是美丽的胡须，好似具有"仙气"。

大鸨的雌雄体形相差多少？

雄性大鸨的体重可达 16 千克，而雌性大鸨只有 6 千克，雌雄体形相差这么多，在鸟类中还是头一个。

知识小链接

大鸨

大鸨的飞行高度不算高，一般不超过 200 米，但它的飞行能力很强，是世界上最大的飞行鸟类之一。

鸟类中的"屠夫"——伯劳鸟

你知道吗？

伯劳鸟通常以昆虫为食，但尤其喜欢捕猎小型兽类和鸟类，比如青蛙、老鼠等。

伯劳鸟长什么样？

因为要捕捉小型兽类和鸟类，伯劳鸟的嘴巴并不秀气，而是又大又强健，跟鹰嘴略微相似。

伯劳鸟为什么会被称为"屠夫"？

伯劳鸟常常栖落于树顶上，俯视地面，伺机而动。它常到地面捕捉活物，然后带回到树上，将猎物挂在带刺的树枝上，利用树刺的帮助，将猎物杀死，撕碎吃掉。由于这种捕杀方式比较残忍，所以它也被称为"屠夫鸟"。

伯劳鸟体形虽不是很大，但生性凶猛，素有"小猛禽"之称。

伯劳鸟

名不副实的鸟——知更鸟

你知道吗？

相传知更鸟的羽毛本来是咖啡色的，当耶稣被钉上十字架时它飞到耶稣耳边唱歌来减轻他的痛楚，因此胸脯被耶稣的血染成了鲜红色。

知更鸟长什么样？

知更鸟自脸部到胸部都是红橙色，与下腹部的白色形成鲜明的对比。

"知更鸟"的名字是怎么来的？

知更鸟总是在白天飞行，是最早报晓的鸟儿，所以被叫作"知更鸟"。但和它温柔的名字相比，它的性格却非常好斗，就算人家没有来侵犯领地，它也会主动攻击。

知识小链接

知更鸟打架时翅膀和脚爪并用，想奋力将对方打倒，有时会斗上一个小时甚至更久。

知更鸟

相互配合捕鱼的鸟——鹈鹕

你知道吗？

鹈鹕（tí hú）尾部有油脂腺，能保持整个身体羽毛的防水性。

鹈鹕长什么样？

鹈鹕有一张 30 多厘米长的大嘴，下嘴壳与皮肤相连，形成一个很大的皮囊。这个皮囊很有用，可以在捕鱼的时候像渔网一样把鱼网住，但有时也很碍事，使鹈鹕走起路来摇摇摆摆，十分不便。

鹈鹕是怎样配合捕鱼的？

大部分的鹈鹕都会彼此合作，一边游泳一边捕鱼。它们会排列成"U"形或者是一条直线，用翅膀不停地拍打水面，直到将鱼赶入浅水区为止，然后它们就可以用大嘴当勺子，将鱼舀起来饱餐一顿了。

知识小链接

鹈鹕

鹈鹕是"全能"鸟，它不仅擅长游泳，也擅长飞行，而且在地面上也能行走得很好。

渔夫的好帮手——鸬鹚

你知道吗？

鸬鹚是鸟类中的潜水能手，经常潜入水中捕捉鱼虾。

鸬鹚长什么样？

多数鸬鹚有深色的羽毛，脸上的皮肤颜色鲜亮，比如蓝色、橙色、红色或黄色等。

鸬鹚怎么帮助渔夫？

鸬鹚的嘴又长又硬，末端生有钩子，很适合啄鱼。它的脚上有四个脚趾，脚趾之间有蹼，这使得它们游泳技术高超，在水里捕鱼游刃有余。再加上它的下喉处有小囊，一次潜水可以捕食很多条鱼，全部存储在小囊里，上岸以后渔夫就将鱼从小囊里挤出来。

知识小链接

鸬鹚没有其他海鸟那样的防水油，所以潜水后羽毛会湿透，需张开双翅在阳光下晒干后才能飞翔。

鸬鹚

一边飞行一边歌唱的鸟——云雀

你知道吗？

云雀是丹麦和法国的国鸟。

云雀长什么样？

云雀的体型和羽毛跟麻雀有点儿相似，都是背部的羽毛呈浅灰褐色，胸腹部的羽毛淡棕色，其余部分白色。

云雀喜欢怎么唱歌？

云雀是少数能在飞行中歌唱的鸟类之一，以活泼悦耳的鸣声著称。如果发现有危险时，它通常会发出单一的吱吱声，更多时候它们喜欢在高空振翅飞行时歌唱，发出持续的成串的颤音。在求爱的时候，雄鸟会用高亢洪亮的声音演唱婉转动听的歌曲，以博得雌鸟的欢心，或者响亮地拍动翅膀，引起雌鸟的注意。

知识小链接

除了唱歌以外，云雀的求爱舞姿也相当复杂，能悬停在半空中。

云雀

美丽的舞者——锦鸡

你知道吗?

锦鸡的巢筑在人迹罕至的荒山野岭,一般不容易找到。

锦鸡长什么样?

雄鸟的羽毛色彩斑斓,十分艳丽,颜色有翠绿色、紫红色、朱红色等。雌鸟没有雄鸟那么鲜艳,基本上呈现棕褐色。

锦鸡的求爱舞是怎么跳的?

锦鸡的求爱舞十分精彩,首先它会一边低鸣,一边绕着雌鸟转圈或来回奔走。等到它初步取得雌鸟的好感时,会将身上华丽的羽毛全都向外蓬松开来,然后将一侧翅膀压低,另一侧的翅膀抬高,让全身五彩斑斓的羽毛都展现在雌鸟面前。

知识小链接

红腹锦鸡是我国特有的物种,属于国家二级保护动物。

锦鸡

鸟类歌唱家——画眉

你知道吗？

画眉的叫声很有特点，古人称它为"如意如意"。

画眉长什么样？

画眉的身材修长，体态轻盈，十分招人喜欢。它的眼圈是白色的，并且向后延伸出一条白色的"眉毛"，由此而得名"画眉"。

画眉的歌唱功夫如何？

在繁殖季节，雄性画眉特别喜欢放开嗓子尽情歌唱，尤其喜欢在清晨和傍晚鸣叫。它的歌声激昂高亢、持久不断，而且婉转多变，极富韵味。特别是它长时间地连续鸣叫更令人叹为观止，因此被称为"林中歌手"或"鸟类歌唱家"。

知识小链接

画眉的听觉器官十分发达，对音频的振动极为敏感，而且反应特别快，所以它最善于模仿同类及其他鸟类的声音。

画眉

爱清洁、讲卫生的鸟——金丝雀

你知道吗？

金丝雀的羽毛色泽和鸣叫声音都是十分特别的，在国内外都被列为高贵笼养观赏鸟之一。

金丝雀长什么样？

金丝雀的羽毛有黄、白、红、绿、灰褐色等，黄色金丝雀的数量较多，野生金丝雀通常是绿色或者橄榄色的，而家养的宠物金丝雀通常是嫩黄色的。

金丝雀有洁癖吗？

金丝雀特别爱洗澡，一年四季都要洗，十分爱清洁，所以圈养的金丝雀夏天每天洗澡一次，冬天每周洗澡一次，浴后还要等到羽毛干了才能移至室外，否则会引起感冒。

知识小链接

金丝雀

金丝雀常被用来比喻出身高贵、衣食无忧，但思想或身体却被禁锢的人。

ANIMAL ENCYCLOPEDIA

游览海底世界

翻开本书，你便会进入一个栩栩如生的动物世界，和形形色色的动物成为好朋友，在不知不觉中悄然成为动物科普小专家。

海底的美丽"树林"——珊瑚

你知道吗？

珊瑚虽然外形长得像树枝，可它不是植物，而是海底的一种动物。

珊瑚是怎样的一种动物？

珊瑚其实是由"珊瑚虫"组成的，珊瑚虫是海底的一种腔肠动物，就是我们经常看到的随着海水左右摆动的"小触手"一样的东西。它们会分泌石灰质建造成外壳保护自己，硬硬的珊瑚就是它们建造出来的外壳。

珊瑚丛中还有其他生物吗？

珊瑚会跟藻类共生，藻类用珊瑚虫的便便当肥料，同时也为珊瑚虫提供氧气。珊瑚丛还是鱼类的理想家园，生活着各种各样的鱼。

珊瑚

知识小链接

珊瑚有很多种美丽的颜色，红色、粉色、蓝色、黑色等，但最珍贵的是红珊瑚。

海底的多孔动物——海绵

你知道吗?

海绵曾经被认为是植物，但它其实是一种多孔的原始动物。

海绵是什么样的?

海绵没有嘴，也没有明显的器官，更没有固定的形状，但它有许许多多小孔，小孔上还长着鞭毛，这些孔可以过滤海水，获取海水中的氧气、微小的藻类和碎屑。

海绵有什么作用?

海绵通过加工以后可以用来洗澡，画家也可以用它来画画。而且科学家提出，它可以降解水质污染，将来或许在治理海洋污染方面有很大的利用价值。

海绵

知识小链接

海绵是一个庞大的家族，2亿年前就生活在海里了。

海中的美丽"花朵"——海葵

你知道吗？

海葵看起来很美丽，就像长在海底的花朵，名字听起来也像植物，但它其实是一种动物，而且是食肉动物。

海葵长什么样？

海葵有各种各样美丽的颜色，它的下半部分有点像瓶子，瓶子的底部可以吸附在海藻、贝壳、石块上，瓶口部分就是它的嘴巴，上面伸出好多又软又长的触手，整个看起来就像一朵向日葵一样。

海葵有什么本领吗？

海葵的触手上有很多带倒钩的刺丝，会分泌毒液，软体动物、甲壳动物甚至是鱼不小心碰到它的话，就会被它的毒液麻痹，然后海葵就会用触手将这些猎物放进嘴里消化，消化不完的骨头再从嘴巴里吐出来。

知识小链接

海葵有时喜欢和寄居蟹生活在一起，它"长"在寄居蟹背上，是寄居蟹的武器，寄居蟹也会为海葵提供食物，这种关系叫"共生"。

海葵

含泪的珍珠制造者——珍珠贝

你知道吗?

珍珠是一种珍贵的装饰品,珍珠粉更具有美白皮肤、淡化色斑等功效。

珍珠是什么样的?

珍珠有圆形的、椭圆形的、扁形的,还有各种奇形怪状的,颜色也有很多种,白色、银色、金色、粉色、红色、灰色、蓝色、黑色,十分美丽。

珍珠是怎么来的?

珍珠贝在张开贝壳吃东西时,如果不小心掉入了沙子,它觉得刺痒难受,就会分泌珍珠质包裹住这个异物,久而久之就形成了珍珠。当它的贝壳被寄生虫攻破时,为了防止里面的身体被寄生虫进一步破坏,它会分泌珍珠质把寄生虫包起来,也能形成珍珠。

知识小链接

大珠母贝是我国海南特有的珍珠贝品种,是珍珠贝中最大的一种,十分珍贵。

珍珠贝

舍肠逃命的动物——海参

你知道吗？

海参不仅是我们餐桌上美味又营养的食物，还是一种很好的中药材，它已经在地球上生活超过6亿年了，是现存最早的生物物种之一，有"海洋活化石"之称。

海参长什么样？

海参长得像圆筒一样，一头长着嘴巴，另一头长着肛门，全身长满了肉刺，一般会长到10~20厘米。它的嘴巴周围长着一些能伸缩的触手，可以用来捕食，也可以用来挖洞。

海参有什么本领？

许多动物都有冬眠的习性，而海参会夏眠，每到夏天它就转移到海底，藏在岩石缝隙或石块底下，身体收缩变硬，等到夏天过去才会恢复活力。这并不是因为它怕热，而是因为夏天食物比较缺乏。

知识小链接

海参遇到危险要被吃掉时，会迅速将肠子"拉"出体外，过不了多久，这些肠子就能生长成一个新的海参。

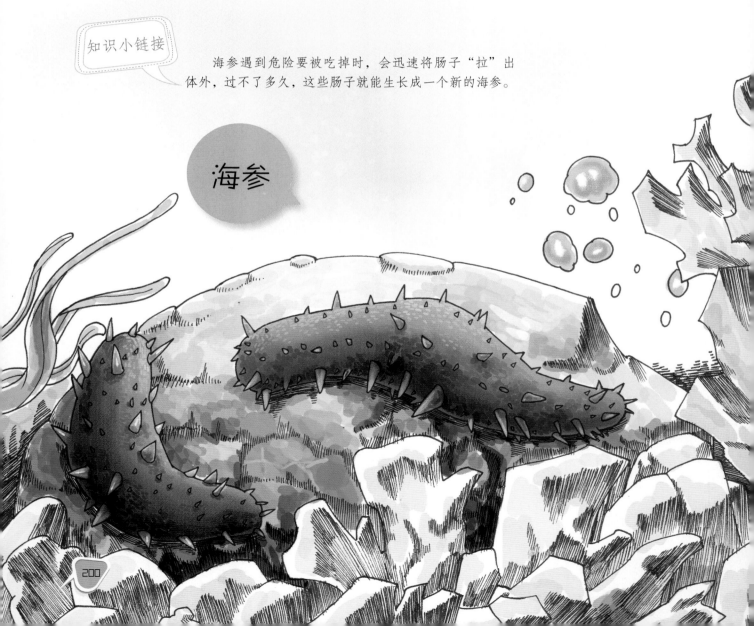

海参

海底的"刺猬"——海胆

你知道吗?

海胆全身长着刺,看起来挺吓人,但却有着美丽的颜色,绿色、橄榄色、棕色、黑色、紫色等,十分斑斓。

海胆吃什么?

海胆全身的骨骼相互连接,形成一个坚固的壳,外面长刺,里面有长长的消化管。它不挑食,什么都吃,软体动物、蠕虫、海藻,甚至动物尸体都是它的美餐。

海胆会挪动吗?

大多数海胆喜欢生活在珊瑚礁和岩石附近,周围如果有丰盛的食物,它顶多每天挪动10厘米,如果食物缺乏了,也顶多每天挪动50厘米。

海胆

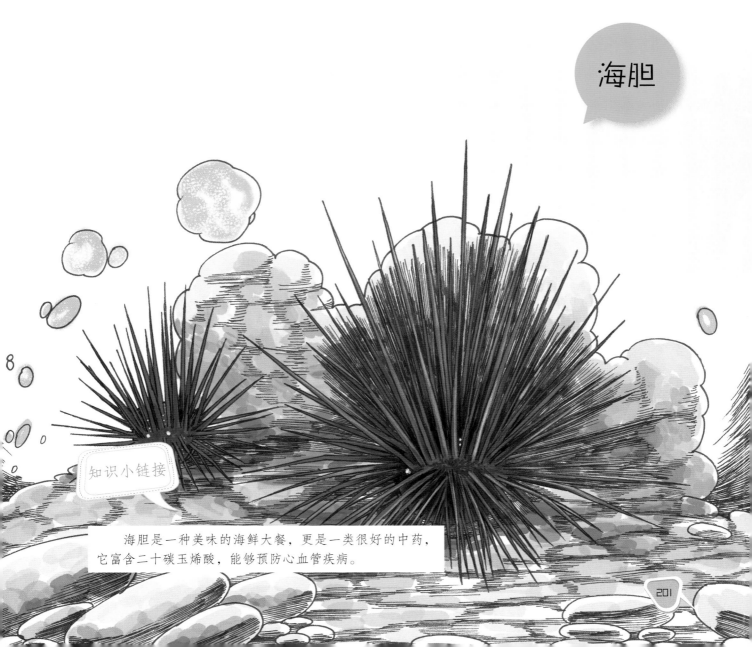

知识小链接

海胆是一种美味的海鲜大餐,更是一类很好的中药,它富含二十碳玉烯酸,能够预防心血管疾病。

海中之星——海星

你知道吗?

海星看上去是一种非常美丽可爱的海底动物，它不会游泳，靠腕足上面的"吸盘"吸附在海底的岩石、砂砾上走路。

海星长什么样?

海星长着 5 个腕足，也有 4 个或 6 个的情况，有的海星甚至能长 50 个腕足。海星身体的颜色极其鲜艳华丽，常见的颜色有黄色、橙色、紫色、红色等。

海星怎样吃东西?

海星的嘴巴长在它的底面，肛门却长在上面。吃东西时，它喜欢将整个胃"吐"出来，在猎物上分泌消化液，等吸收完了再把胃"吞"回去。

海星

知识小链接

海星有很强的"分身术"，遇到危险的时候它会断足逃跑，过不了多久，它的断足就会重新长出来，如果将海星切成几段再放进海里，它会长成好几个海星。

海洋杀手——鲨鱼

你知道吗?

鲨鱼是海洋中最凶猛的鱼类,是海洋杀手。它没有天敌,遍布世界各大洋,有时在冷水海域都能见到它们的身影。

鲨鱼会主动攻击人吗?

大多数的鲨鱼遇见人类的时候都会主动避开,只有虎鲨和大白鲨有时会主动攻击人类。

鲨鱼有什么本领?

鲨鱼的视力很好,无论是白天还是黑夜它都能适应。它还有极其敏锐的嗅觉,能闻出海水里十分微弱的血腥味,比狗的鼻子还灵敏。而且它的头部有特殊的细胞网络系统,称为"电感受器",能够据此追踪捕猎。

知识小链接

鲨鱼的牙齿十分锋利,能咬穿皮肉、咬碎骨头,但它过几个星期就变钝了,所以鲨鱼的一生都在不停地换牙。

鲨鱼

"海中喷泉"的制造者——鲸

你知道吗？

鲸是生活在海洋里的哺乳动物，它们没有像鱼一样的鳃，而是和我们一样靠肺呼吸的。

鲸一次可以在水底待多久？

鲸一般会在水里"憋气"十多分钟，然后就会浮上水面呼吸一次。由于它们体积巨大，呼出的气体量多，所以会形成很大的压力，海水被冲向空中会形成"海中喷泉"。

不同种类的鲸呼吸一样吗？

不同的鲸类有不同的呼吸方式，喷出的"喷泉"大小、高度也不一样，例如蓝鲸喷出的水柱竟高达 10 米左右。

知识小链接

鲸是海里的庞然大物，最小种类的鲸长度也会超过 6 米。

鲸

海中的游泳健将——海豚

你知道吗？

海豚是海里的游泳健将，速度可达每小时 70 千米。

海豚为什么可以游那么快？

海豚有纺锤形的身体，这种身形在游泳时可以最大限度地减少阻力。

海豚的皮肤光滑吗？

海豚有两层皮肤，第一层是表面的真皮，没有鳞片，光滑至极。真皮上还有一些小突起，小突起下交替排列胶原纤维和弹力纤维，由脂肪连接而成，这就是第二层皮肤了，它让海豚的皮肤充满弹性，减少与水流撞击时产生的震动，这也是海豚能够快速游泳的关键因素。

知识小链接

海豚通过训练可以做许多高难度动作，因为它的大脑很发达，十分聪明。

海豚

温顺的海中人鱼——海牛

你知道吗？

科学家们认为 6000 万年前海牛是陆地上的生物，它和大象是远亲，因为自然的变迁而被迫下海谋生，最终进化成海牛。它的庞大身体和厚厚的布满褶皱的皮肤跟大象还真是有点相似。

海牛长什么样？

海牛长得略微有点像鲸，有两个前肢，前肢的末端有退化的蹄。它的皮很厚，光滑无毛，尾巴又大又多肉。

海牛凶猛吗？

海牛是一种十分温顺的动物，它喜欢有丰富水生植物的温暖平静水域。漂浮在水上打瞌睡是它最喜欢的事。

知识小链接

海牛哺乳的时候喜欢用前肢抱着宝宝，头和胸部露出水面，像是人抱着宝宝一样，所以又被人们叫作"人鱼"。

海牛

灵巧的肥胖者——海豹

你知道吗？

全球都可以看见海豹的身影，它们尤其喜欢生活在南极和北极，喜欢吃鱼类和贝壳类动物。

海豹不怕冷吗？

海豹的身体储存了大量的脂肪，这可以让它们随时保持体温，而且也能帮它们在海水中浮起来。

海豹喜欢生活在海水里还是陆地上？

海豹大部分时间喜欢生活在海水里，当它们产子、哺育幼崽的时候才在陆地或者冰块上生活。海豹每年只生一个宝宝。

知识小链接

海豹的耳朵非常非常小，或者直接就剩下两个洞了，不过它们游泳的时候可以自由闭合耳孔，防止进水。

海豹

长着长牙的海洋动物——海象

你知道吗?

海象有一副长长的牙齿,这副牙齿可有用了,它可以用来打架,也可以用来挖掘海底的泥沙,寻找食物。

海象长什么样?

海象的脚是鳍状的,可以走路。它们身上有很多褶子,长着浅红色的短毛,年龄越大这些毛就变得越稀疏。

海象喜欢生活在海水里还是陆地上?

海象大部分的时间都是在冰面上或者陆地上度过的,它们喜欢群居,吃饱了以后就挤在一起睡觉、休息。

海象

知识小链接

海象是个大胃王,它一次可以吃下50千克的食物,所以海象个个都长得膘肥体壮的。

海中的狮子——海狮

你知道吗？

海狮的吼声像狮子一样，有些雄性海狮的颈部长着长毛，这和狮子也有点相像，所以人们称它为"海狮"。

海狮凶猛吗？

海狮虽然叫声像狮子，长得也有点像狮子，但却是一种十分温顺的海洋动物，还是个十足的胆小鬼，它们喜欢群居在一起，有时可以结成上千头的大群。不过繁殖期的海狮脾气很大，也很有领地意识。

海狮喜欢生活在海水里还是陆地上？

海狮白天在海中捕食，晚上回陆地睡觉，海狮宝宝待在陆地上的时间要长一些。

知识小链接

海狮的胃口也很大，它们经常吃乌贼、海蜇、鱼、虾等食物，有时为了填饱肚子也吃企鹅，但它们都是整个吞下的，为了帮助消化，有时也会吞一些小石子。

海狮

长途迁徙的动物——海狗

你知道吗？

海狗的毛要比海狮茂密许多，所以人们为了获取海狗优质的皮毛，曾经对它滥杀无度，现在海狗已受到严密的保护，数量正在恢复。

海狗是群居动物吗？

海狗是群居动物，每年的冬、春季节，它们就会从太平洋的各个岛屿出发，分散迁徙到整个北太平洋海上，一到夏季，大家又不约而同地回来繁殖。这一来一回要花去 8 个月时间，剩下的 4 个月就用来繁殖下一代。

海狗是"一夫一妻"制吗？

雄性海狗是个"滥情"的家伙，繁殖期间，一只雄性海狗可以有 40 ~ 100 个"妻子"。

知识小链接

海狗

海狗妈妈生下海狗宝宝一两天后必须下海捕食，以恢复体力。随后会回来照料幼崽多天，回来以后它们也绝对不会认错自己的宝宝。

海中的老寿星——海龟

你知道吗?

海龟是海洋里的"老寿星",它们一般都能活到 150 岁,有些甚至能活到 400 岁,曾经有人还捕获过 700 岁的海龟。在很多地区,海龟都被人们认为是"长寿"的象征。

海龟长什么样?

大多数的海龟都有一层厚厚的龟壳保护着,四肢不能缩进壳里,游泳时前肢在前面划水,后肢在后面掌控方向。有趣的是,棱皮龟并没有龟壳,它的背上是一层厚厚的油质皮肤,上面有 5 条纵向棱线。

海龟吃什么?

海龟没有牙齿,但它们的嘴巴很厉害,能咬碎螃蟹,还能吃软体动物、小虾等。

海龟

知识小链接

海龟吃东西的时候会吞下大量海水,因此它体内的盐分很高,需要通过泪腺旁边的特殊腺体排出,所以在岸上,海龟有时会"流泪"。

生活在海中的鳝鱼——海鳝

你知道吗？

海鳝是生活在海里的一种鳝鱼，白天喜欢隐藏在珊瑚礁和岩石的缝隙里，夜晚出来捕食。

海鳝长什么样？

海鳝的身体长长的、肉肉的，全身没有鳞片，皮又厚又光滑。它平时游动时动作缓慢，可捕食的时候速度很快。海鳝通常都有很鲜艳的颜色，有的还有夸张的斑纹。

海鳝咬人吗？

海鳝的嘴里长着尖尖的牙齿，捕食的时候能紧紧地咬住猎物，但它一般不咬人，只有受到人类威胁时才变得凶猛，会主动攻击人类。

有些地区的人喜欢吃海鳝的肉，但并不是所有海鳝都能吃，有的种类是有毒的。

海鳝

住在海洋中的蛇——海蛇

你知道吗？

海蛇的肺非常长，几乎从喉咙一直延伸到尾巴，这可以让它们很好地生活在水里而不会被憋死。

海蛇有毒吗？

海蛇有剧毒，毒液相当于眼镜蛇的2倍，被它咬没有疼痛感，一旦被咬抢救不及时就会死于心脏衰竭。

海蛇长什么样？

海蛇是深灰色的，全身有55～80个环状花纹，头小小的，身子粗粗的，尾巴不像陆地上的蛇类细细长长，而是侧扁的，像一只桨一样，游泳时可以左右拨水。

知识小链接

生活在浅水区的海蛇最多每半个小时就要浮上水面呼吸一次，生活在深水区的海蛇一次潜水能达两三个小时，不过它们夜晚就舍不得离开水面了，经常群集在一起漂游在海面上。

海蛇

海中最称职的父亲——海马

你知道吗？

海马爸爸是一位称职的父亲，海马宝宝不是妈妈生出来的，而是从爸爸的肚子里生出来的。

海马长什么样？

海马的头看起来就和马一样，所以人们叫它"海马"。它的身体由一环一环的骨头构成，肚子鼓鼓地向前挺着。它的嘴巴是管状的，所以吃东西的时候都是将食物吸进嘴里。

海马是怎样从爸爸的肚子里出来的？

每到繁殖季节，海马爸爸的肚子上就会充血形成一个孵卵囊，妈妈将卵产在这个孵卵囊中，之后海马爸爸尽心尽力地孵化宝宝，50~60天以后就会通过孵卵囊的小洞将宝宝生出来了。

海马

知识小链接

海马不善于游泳，总是用能够卷曲的尾巴勾住珊瑚或海藻，以防被海水冲走。

海中之龙——海龙

你知道吗？

海龙和海马是亲戚，而且海龙爸爸也有孵卵囊，负责海龙宝宝的孵化，是一位超级负责的"保育员"。

海龙长什么样？

海龙长长的、扁扁的，嘴巴跟海马一样是管状的，尾巴可以轻微地卷起来，全身都是硬硬的骨板，真的像龙一样。不过澳大利亚海龙很特别，它的身体除了长得像龙，还长着像水草一样的结构，当它躲进海藻中时，一点儿也不容易被发现。

海龙的种类有哪些？

海洋中生存的海龙有 150 种左右，比如澳大利亚海龙、拟海龙、刁海龙、尖海龙等，分布在我国的大概有 25 种。

知识小链接

海龙经过捕捞、晒干以后是一种非常好的中药，渔民们通常在夏天和秋天进行捕捞。

海龙

蟾中之王——海蟾蜍

你知道吗?

海蟾蜍有"蟾中之王"的美称，它几乎没有天敌，因为不仅它自身有毒，就连它的蝌蚪也有毒。

海蟾蜍长什么样?

海蟾蜍是一种很大的蟾蜍，身体一般可以达到 10~15 厘米长，肚子是奶白色的，背上的皮肤是灰色或褐色的，上面有很多小疙瘩。世界上最大的一只海蟾蜍生活在瑞典，长 38 厘米，是被当作宠物养起来的。

海蟾蜍有什么本领?

海蟾蜍遇到危险的时候可以让肚子鼓成一个大球来吓退敌人，而且它背上有一对很大的毒腺，能够喷射毒液。

海蟾蜍

知识小链接

海蟾蜍的繁殖能力很强，一只雌性海蟾蜍一次可以产几千颗卵，一年可以产卵 3.8 万颗。不过尽管体型较大，可它们的蝌蚪还是跟普通蝌蚪一样，只有大约 1 厘米长。

飘逸温顺的猎手——水母

你知道吗？

繁殖期的水母会成群地漂浮在海上，场面十分壮观。

水母长什么样？

水母长得就像一把伞，有很多是透明的，也会有各种美丽的颜色和花纹。这把"伞"有两层，中间是很厚的中胶层，在游动的时候它利用喷水来反推着自己前进。

水母怎样捕食？

别看水母游动起来飘逸、温顺，其实它是很凶猛的。它的触手是它的消化器官，也是它的武器。触手上布满了刺细胞，能射出毒液，捕猎的时候水母会用触手缠住猎物，猎物被刺蜇以后会麻痹而死。之后触手就将这个猎物拿回来缩到伞下面，慢慢消化。

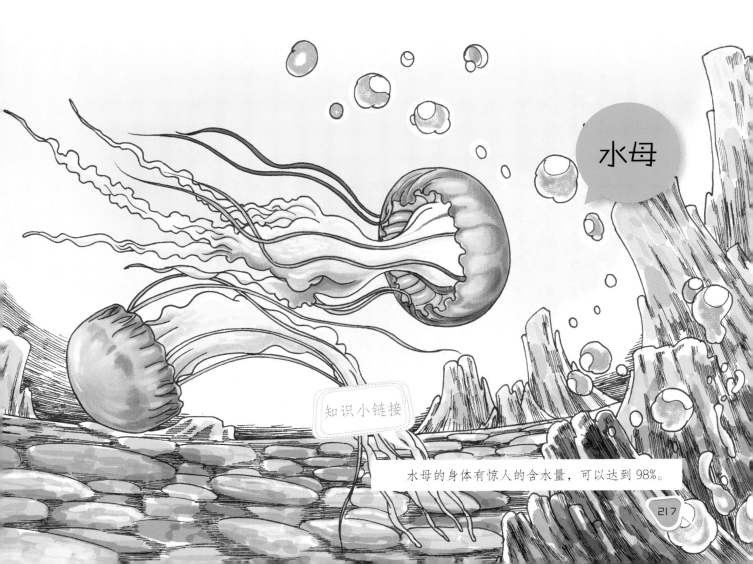

水母

知识小链接

水母的身体有惊人的含水量，可以达到 98%。

海洋中的智者——章鱼

你知道吗?

章鱼的眼睛很发达,它有三个心脏和两个记忆系统。

章鱼长什么样?

全世界的章鱼有 650 种之多,但都有一个共同点,就是都有 8 条腕足,腕足上有很多吸盘,可以帮助章鱼走路。

章鱼有什么本领?

有的章鱼体内含有丰富的色素细胞,能迅速改变自身的颜色。有的章鱼天生就有模仿能力,能将自己伪装成海蛇、狮子鱼等有毒物种。章鱼还能躲进比自己身体小很多的容器、缝隙里,以躲避危险。

章鱼

知识小链接

章鱼拥有和人类相似的基因,所以它能形成神经网络,也有学习能力,甚至能使用工具,这在软体动物中是不多见的。

会喷墨汁的动物——乌贼

你知道吗？

乌贼除了可以在海底游泳，它还可以跃出水面，展现惊人的飞行能力。

乌贼长什么样？

乌贼的身体就像一个橡皮袋，袋子里除了器官，还装着一个墨囊，里面盛满了墨汁。它身体的两边长有裙子一样的肉鳍，前方长着八短两长的 10 只触手。

乌贼有什么本领？

乌贼又被人们叫作墨鱼，因为它遇到危险时会从墨囊里喷出墨汁，将周围的海水染黑以作掩护，然后趁机逃走。

乌贼

知识小链接

乌贼要想在深海中生活，就需要虾青素，而虾青素主要来源于虾、蟹、鱼、贝类动物等，所以乌贼会想尽办法去捕食，有时为了争夺食物，甚至能和抹香鲸斗个你死我活。

螃蟹中的"变色龙"——招潮蟹

你知道吗？

招潮蟹的两只螯不一样大，它平时用大螯挡在胸前挥来挥去，以作防御，动作就像在召唤潮水一样，所以叫作"招潮蟹"。

招潮蟹长什么样？

招潮蟹的眼睛很特别，像一对火柴棒一样凸出来，观察周围的动静。

招潮蟹怎么变色？

招潮蟹的颜色会随着潮涨潮落而发生变化。夜间它的身体是黄色的，太阳出来以后颜色变深，白天落潮时颜色达到最深。

知识小链接

招潮蟹有一大一小两只螯，像个小提琴手一样，所以它的英文名字叫"fiddler crab"。

招潮蟹

开椰子能手——椰子蟹

你知道吗？

其实椰子蟹是寄居蟹的一种，不过它可不像寄居蟹那样"寄人篱下"生活在别人的螺壳里，它摆脱了螺壳的束缚，可以尽情地生长，最大的椰子蟹可以长到 1 米！

椰子蟹长什么样？

椰子蟹的眼睛是红色的，身上的颜色也十分美丽，散发着蓝紫色或橙红色的光彩，雄性椰子蟹要比雌性椰子蟹大。

椰子蟹真的能打开椰子吗？

椰子壳够硬吧？可椰子蟹仅仅靠又大又结实的双螯就能轻而易举地打开它，吃里面的椰肉！它不仅可以用双螯打开椰子，还可以用其他小腿爬上笔直的椰子树摘取椰子。

椰子蟹

知识小链接

椰子蟹可以活到 60 岁，它十分适应岸上的生活，待在水里太久会闷死。

会"敲鼓"的虾——鼓虾

你知道吗？

鼓虾又叫"嘎巴虾"，它有这个奇怪的名字是因为它的大螯能发出"嘎巴"一声脆响，像是折断树枝一样。

脆响是鼓虾的"钳子"发出来的吗？

鼓虾在猛烈闭合大螯的时候，会产生时速高达 112 千米的高速水流，这股水流的水压在短时间内迅速降低，形成气泡。当水压恢复正常时，气泡就会爆裂，发出一声脆响，所以这声脆响并不是它的大螯发出的。

鼓虾发出的脆响有什么作用？

鼓虾闭合大螯时产生的冲击波足以震晕或杀死旁边的小鱼小虾，所以发出脆响其实是鼓虾捕食的方式。

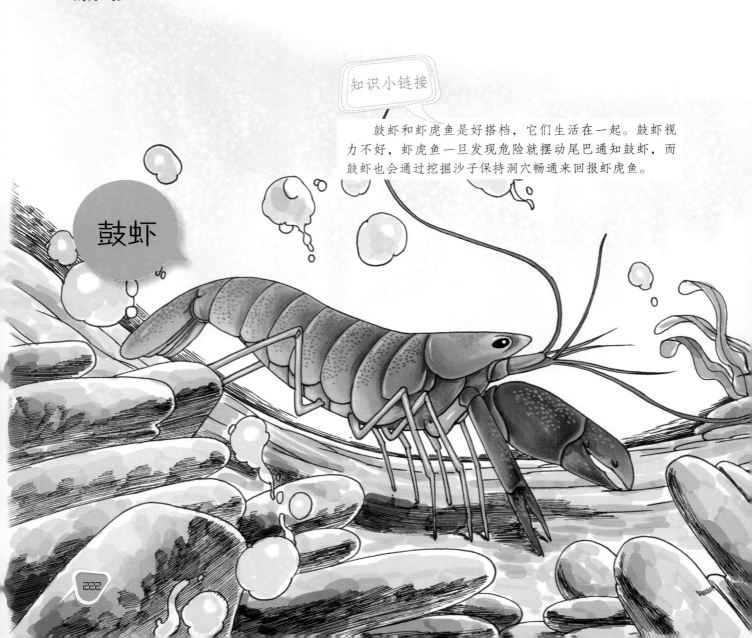

知识小链接

鼓虾和虾虎鱼是好搭档，它们生活在一起。鼓虾视力不好，虾虎鱼一旦发现危险就摆动尾巴通知鼓虾，而鼓虾也会通过挖掘沙子保持洞穴畅通来回报虾虎鱼。

鼓虾

打着灯笼的深海鱼类——灯笼鱼

你知道吗?

灯笼鱼学名叫作深海鮟鱇,因为头上有一根尖尖的突起,顶端会发光,就像提着一个灯笼一样,所以叫灯笼鱼。可跟它美丽的名字比起来,它的长相可就大打折扣了。

灯笼鱼长什么样?

灯笼鱼生活在深海,所以全身漆黑,以和周围环境相适应。它的身体不像其他鱼一样是流线型,而是球形的,而且还有一张夸张的大嘴巴,嘴巴里长着又尖又长的獠牙。

灯笼鱼的"灯笼"有什么作用?

在深海中很多小鱼都有趋光性,所以它就是利用头顶的"灯笼"引来小鱼,当小鱼反应过来的时候已经变成它的口中餐了。

知识小链接

灯笼鱼没有肋骨,它甚至能吞下比自己大的猎物。

灯笼鱼

海中的放电专家——电鳐

你知道吗？

电鳐是生活在海里的一种鱼，它们身体扁平，和蝠鲼有些相似，但它们的"翅膀"大多是圆的，最神奇的是，它们能够在海里放电。

电鳐为什么可以放电？

电鳐的腹面有两个发电器官，是由某些鳃肌演变来的，这些肌肉不仅可以负责呼吸，也可以产生强大的电流，所以它能放电。

电鳐放电有什么用？

电鳐放电可以击晕附近的鱼类，或者干脆将其电死，这样它们就有美餐啦！当然，当遇到危险的时候，它们由于害怕也会放电。

知识小链接

早在古希腊和罗马时代，曾有医生尝试用电鳐放电来治疗风湿病人和头痛病人，直到现在，法国和意大利沿海地区的一些老人，退潮后还在沙滩上寻找电鳐来治疗自己的腿疼呢，电鳐真是一位免费的"医生"啊！

电鳐

海中的高个子——皇带鱼

你知道吗？

皇带鱼性情凶猛，喜欢捕食鱼类、鳞虾、乌贼、螃蟹等，还会出现自相残杀的行为。

皇带鱼长什么样？

皇带鱼身体扁扁的，长着满口的尖牙，头上长着几根飘逸的鳍状物。它的身长约3米，平时头朝上尾朝下漂浮在海里，曾经被误认为是海中的"龙"。

皇带鱼怎么繁衍下一代？

每年到了繁殖季节，皇带鱼就从四面八方赶到南太平洋的萨瓦伊岛进行繁殖，它们几十条甚至上百条地结成一团进行交配，不过每个团里只有一条是雌鱼。交配完成后，大家又不约而同地返回各自的家。

皇带鱼

知识小链接

皇带鱼虽然有时会发生自相残杀事件，但在交配季节，大家都相安无事，科学家也从未发现过皇带鱼在繁殖地自相残杀的例子。

五彩缤纷的地盘捍卫者——刺盖鱼

你知道吗？

大海里的刺盖鱼有着极其鲜亮的色彩和美丽无比的斑纹，它长着突出的嘴巴和锋利的牙齿，能够轻易地咬断想吃的珊瑚虫。

刺盖鱼的名字是怎么来的？

刺盖鱼的身体扁平，但它不是横着漂浮在水里，而是竖着的。它的鳃盖骨后面的下方有一根刺，所以叫作刺盖鱼。

刺盖鱼是群居鱼类吗？

在繁殖期刺盖鱼会和伴侣生活在一起，其他时间都是独居的。它生活在珊瑚礁附近，很有领地意识，一旦有人侵犯便用鲜艳的色彩来警告它，如果入侵者不离开，就会发生打斗。

虽然刺盖鱼会为了自己的地盘斗争到底，但它其实是非常胆小的，一遇到惊吓它就会躲进珊瑚里。

刺盖鱼

"叶落归根"的鱼类——大马哈鱼

你知道吗？

大马哈鱼出生在江河里，长大以后就到海里生活了，等到繁殖季节又不辞辛苦地回到出生地产卵，这个"回乡"产卵的过程称为"洄游"。

大马哈鱼的洄游是个危险的任务吗？

大马哈鱼在"回乡"的途中十分辛苦，不仅要逆流而上，而且时刻都要面临被天敌捕食的危险，它们一直不停地游，根本顾不上吃东西，到达目的地以后已经奄奄一息了。

到达出生地以后大马哈鱼会怎么做？

大马哈鱼到达目的地以后，会用鳍在水底清除杂草淤泥，挖一个浅坑，在里面产卵，之后用砂石盖上，待在一旁静静死去。

大马哈鱼

知识小链接

小鱼孵出来以后会凭着本能游到海里生活，到了繁殖季节又会重回此地繁衍下一代。

四只眼睛各司其职的鱼——四眼鱼

你知道吗？

海洋鱼类的眼睛十分有特点，不要以为鱼只有两只眼睛，四眼鱼就有四只眼。

四眼鱼的眼睛是什么样的？

四眼鱼的眼角膜天生就被分成上下两个部分，看起来就像是四只眼睛一样。当它停留在水面上时，上面的两只眼睛鼓鼓地露在水面上，就像两只青蛙眼。

四眼鱼怎么看东西？

四眼鱼喜欢浮在水面上，它的上半部分眼睛可以观察水上昆虫的活动，可以捕猎飞近水面的昆虫，也可以防止鸟类偷袭。下半部分眼睛则可以观察水底的动静，以便伺机捕猎和躲避敌人。

四眼鱼

知识小链接

四眼鱼不仅可以生活在水里，也能生活在陆地上，爬上陆地时它们会在液囊里携带一些海水，使这些海水源源不断地流向鳃，以保持呼吸，并保持身体的湿润。

雌雄同体的鱼——小丑鱼

你知道吗？

小丑鱼的脸上有1~2条白色的斑纹，就像京剧里的小丑一样，所以人们叫它"小丑鱼"。

小丑鱼有什么本领？

每个小丑鱼群体中都有一尾雌鱼当"老大"，它会选择一尾身强力壮的雄鱼做"丈夫"。当这个"老大"遭遇不幸，"丈夫"就会在几星期内由"男的"变成"女的"，占据领导地位。

小丑鱼和海葵是什么关系？

小丑鱼会分泌黏液，这样它躲在海葵中既不会受到伤害，也能躲避被大鱼捕食的危险，可以安心地产卵、筑巢，同时它能引来大量的鱼类以供海葵捕食，海葵吃剩的猎物也会供给小丑鱼。

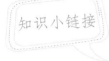

雌雄同体的物种有很多，但小丑鱼的雄性能变成雌性，雌性可变不成雄性，这是动物界中不多见的。

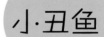

海中的大家族——沙丁鱼

你知道吗?

沙丁鱼喜欢群居,成千上万条组成一个大鱼群,十分壮观,想要捕捉其中的一条真是不容易,因为它们会随时改变鱼群的形状。

沙丁鱼怎样逃生?

沙丁鱼身上的鱼鳞是圆形的,十分光滑细密,不仅能帮助它们快速游泳,假如被大鱼咬到还能迅速脱落,帮助沙丁鱼逃生。

沙丁鱼吃什么?

沙丁鱼喜欢生活在暖水里,大多数沙丁鱼以浮游生物为食,也有的喜欢吃甲壳类动物和藻类。

知识小链接

沙丁鱼肉质鲜嫩,是人们喜欢吃的鱼类之一,可以做成鱼丸、鱼卷、鱼肠、鱼罐头等。

沙丁鱼

长着"耳石"的鱼——黄鱼

你知道吗？

黄鱼有大黄鱼和小黄鱼之分，它们和带鱼一起，并称我国的"三大海产"。

黄鱼能吃吗？

黄鱼含有丰富的蛋白质和矿物质，很有营养，而且肉质鲜嫩，是人们餐桌上的一道美味佳肴。

黄鱼头里的小石头是什么？

每当吃黄鱼时，我们会在鱼头里发现两块又圆又滑的小石头，那是"耳石"，能够帮助它们游泳时保持身体平衡。很多鱼都有耳石，但黄鱼的耳石相对较大，所以比较容易被发现。

知识小链接

耳石如果被切成片，还可以用来判断鱼的年龄。

黄鱼

海中风筝——魔鬼鱼

你知道吗？

魔鬼鱼的学名叫蝠鲼，蝠鲼像一只风筝一样宽大而扁平，平时喜欢在海水中缓慢悠闲地游动，像风筝翱翔在天空中一样，所以它有"海中风筝"的美称。

魔鬼鱼的名字是怎么来的？

魔鬼鱼的胸鳍发展为翅膀一样的"双翼"，头上长着两只肉足，又拖着一条长长的尾巴，行动起来悄无声息，有些令人毛骨悚然，所以人们叫它"魔鬼鱼"。

魔鬼鱼很凶猛吗？

魔鬼鱼长相吓人，其实它是一种温和的动物，一般不会主动攻击人类，但千万别惹毛它，它要是生起气来，"双翅"一拍就能折断人的骨头。

魔鬼鱼

知识小链接

魔鬼鱼生性活泼，经常会跟人类开玩笑，它会在船底用"双翼"拍打船身，或者用肉角拖着小船在海上到处跑。

冻不死的鱼——鳕鱼

你知道吗？

大部分鳕鱼生活在太平洋、大西洋水温 0 ~ 16℃的寒冷海域里，它喜欢冷水，当水温超过 5℃时它就觉得不舒服了。

鳕鱼是怎么保暖的？

鳕鱼的血液里有一种"抗冻蛋白质"，能使血液的冰点降至 0℃以下，所以即使周围的水温降到冰点了，它体内的血液也不会结冰，当然就不会被冻死啦！

鳕鱼能吃吗？

鳕鱼的肉质非常细嫩，味道清淡、鲜美，它的肝可以用来提炼鱼肝油，是维生素 D 的主要来源，是宝宝们补钙的理想选择。

知识小链接

由于人类的过度捕捞，在 1960 年至 1990 年的三十年里，纽芬兰海域鳕鱼数量下降了 99.9%，这是鳕鱼世界的一次大灾难。

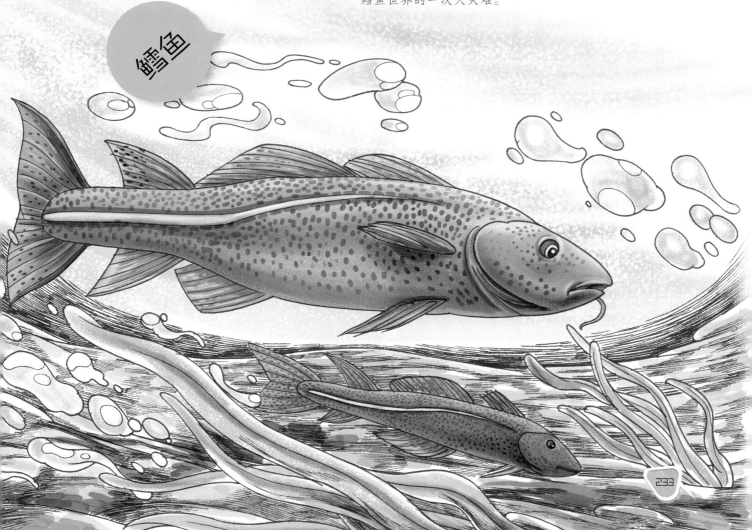

鳕鱼

水中的筑巢大师——刺鱼

你知道吗？

鸟类大都会筑巢养育自己的后代，而鱼类中的筑巢大师就非刺鱼莫属了。

刺鱼会和鸟儿一样跳求爱舞吗？

在筑巢前，刺鱼会跳一段优美的求爱舞来赢得"妻子"的欢心，同时它身体的颜色还会变得绚烂无比，之后的筑巢工作更是讲究。

刺鱼怎样筑巢？

刺鱼筑巢时会衔来水草，用身体上分泌的黏液将水草和起来，筑成中空的圆桶状，将这个圆桶固定在水底，然后时不时地衔来沙子铺在里面，还会在内壁上"刷"一层黏液当油漆，十分精致。

知识小链接

刺鱼身材修长，背脊上长着刺，所以叫刺鱼。长 3 根刺的叫三刺鱼，长 9 根刺的叫九刺鱼。

刺鱼

海洋里的游泳神将——旗鱼

你知道吗？

要是在海里举行一场游泳比赛，从南极到北极的所有鱼类都来参赛的话，冠军也非旗鱼莫属。旗鱼是海洋里的游泳神将，没有什么鱼能够在速度上与它一争高下。

旗鱼长了"旗子"吗？

是的，旗鱼的背上长了一面"旗子"，别小看这面"旗子"的作用，它在游泳时可以帮助旗鱼借助风的力量，加快游泳速度。

旗鱼为什么能游这么快？

除了背鳍的帮助，它还有其他法宝。它的嘴巴细长尖锐，能够快速将海水分开，而且尾部肌肉十分发达，能够产生惊人的力量，游起来能够像助推器一样给它提供动力。

知识小链接

旗鱼背上的"旗子"还可以活动呢，有风的时候它可以张开来，就像一面帆一样，没有风呢它就收起来，以减少阻力。

旗鱼

海中的懒惰"旅行家"——鲫鱼

你知道吗？

鲫鱼还有一个奇怪的名字——吸盘鱼，原因是它的头部有一个椭圆形的吸盘，能够让它吸附在大鱼身上或者是船底。

鲫鱼是怎样免费"旅行"的？

鲫鱼用吸盘吸在"别人"身上，等到达食物丰盛的地区以后就自动脱落，在那儿悠闲自得地生活一段时间，等它觉得腻了就会再伺机寻找别的"人"带它去免费"旅行"。

鲫鱼有好伙伴吗？

鲫鱼最喜欢吸在凶猛的鲨鱼身上，不仅因为鲨鱼游得很快，可以带它"兜风"，而且光靠鲨鱼的残羹冷炙，它就能填饱肚子了，有吃又有玩，别提多开心了。

鲫鱼

知识小链接

有的渔民会在鲫鱼身上系上线，用它来捕猎比较大的海鱼。鲫鱼找到"免费船只"吸附上去，还以为在开心地"旅行"，谁知半道上就连同它的"免费船只"一起被渔民捕获了。

鱼类中的"短命鬼"——虾虎鱼

你知道吗？

虾虎鱼是一种很小的鱼类，有的虾虎鱼成熟以后也不会超过1厘米，分布在菲律宾的一种虾虎鱼身体只有13毫米长。

虾虎鱼能够活多久？

虾虎鱼一般只能活2到3年，最多可以活4年。澳大利亚的一种虾虎鱼最多只能活59天，它们的寿命非常短暂，雌鱼出生25天后就能产卵了。

虾虎鱼长什么样？

虾虎鱼很细小，是世界上最小的脊椎动物之一。它们不善于游泳，所以活动范围很小，为了防止被海水冲走，它们的腹鳍进化成了吸盘，可以吸附在珊瑚礁上。

知识小链接

虾虎鱼经常把卵产在砂石缝隙、岩壁洞穴里，这样卵就不容易被吃掉了，等孵化以后它们就会寻找合适的珊瑚礁，在那里度过一生。

虾虎鱼

会爬树的鱼——弹涂鱼

你知道吗？

不是所有的鱼都生活在水里，有些鱼离开水也能活，弹涂鱼的一生就有大部分时间不在水里。

弹涂鱼住在哪儿？

弹涂鱼喜欢生活在近海沿岸的海滩上，它们会为自己挖洞，在洞里可以躲避退潮时海鸟的啄食，也可以躲避涨潮时鱼类的捕猎。它的两只胸鳍很发达，可以匍匐着前进，遇到斜坡可以爬上去，甚至还可以爬树。

弹涂鱼离开了水怎么呼吸？

弹涂鱼用鳃呼吸，但当上岸以后，就会将尾鳍插入泥土中获取氧气，当然，它还能用皮肤或口腔黏膜来吸取空气中的氧气。

知识小链接

弹涂鱼挖的洞穴很讲究，一般都会有2个以上的出口，整个洞穴呈"Y"形或"U"形。

飞鱼真的能飞吗？ ——飞鱼

你知道吗？

鱼类不仅可以在海里游泳，而且有的鱼还具有"飞行"能力，飞鱼就是一个典型的代表。

飞鱼长什么样？

飞鱼长得很独特，它的胸鳍长得十分长，展开来就像小鸟的翅膀一样，身体也像一把梭子一样，这使得它能够以每秒10米的速度高速运动，甚至是跃出海面十几米。

飞鱼能飞吗？

飞鱼的飞翔其实只是滑翔，它不仅能跃出海面，而且在空中停留的时间多达40秒，最远能"飞"400多米。别小看这些数字，这在鱼类中已经是相当了不起的成绩了。

飞鱼

知识小链接

飞鱼的颜色跟海水很接近，成群的飞鱼在海面上飞行十分壮观美丽。

ANIMAL ENCYCLOPEDIA

窥探动物领地

翻开本书，你便会进入一个栩栩如生的动物世界，和形形色色的动物成为好朋友，在不知不觉中悄然成为动物科普小专家。

动物的神秘领地一 ——北极

你知道吗？

北极极其寒冷，气温可以降至零下50℃。

北极适合动物生存吗？

生活在北极的动物都有很强的防冻能力，有的披着厚厚的脂肪和毛发，有的自身就具备很厉害的"防冻剂"，所以它们都能在北极生活得很好。

北极是哪些动物的家？

尽管寒冷，北极的冻原上也有植物生长，因此驯鹿、麝牛那样的食草动物能够在这儿安家。除此之外，北极熊、北极狐、北极狼、海豹以及各种各样的海鱼和海鸟也喜欢北极寒冷的生活。

北极有多冷呢？即使在夏天，北极的温度也是接近冰点的，冬天就更不用说了，白天太阳只照射几个小时就落山了。

北极

北极动物——独角鲸

你知道吗？

独角鲸的头上长了一根长长的角，所以它叫"独角鲸"，其实那不是角，而是它的牙齿，长度最长可以达到 2.7 米，而且只有雄性独角鲸才会长这根长牙。

独角鲸的长牙是用来吃东西的吗？

独角鲸吃东西时是整个吞下去的，并不是用长牙来戳猎物。科学家们猜测这根长牙是用来争夺领地和配偶时打架用的。

独角鲸吃什么？

独角鲸喜欢捕食鳕鱼、鱿鱼、虾、远洋鱼类等。它自己也经常成为北极熊的猎物。

知识小链接

独角鲸是出色的潜水者，它一次潜水可以长达 20 分钟，而且可以潜入很深的海域。

独角鲸

北极动物——麝牛

你知道吗？

麝牛是生活在北极苔原的特有物种，曾经因为它优质的皮毛而被大量猎杀，几乎灭绝，后来经过人类的保护，数量才有所回升。

麝牛是群居动物吗？

麝牛喜欢群居在一起，在遇到危险的时候，成年的麝牛会齐心协力围成一个圈，将角对准外围的敌人，而将幼崽保护在圈里面。在成群结队行走的时候，总有一头经验丰富的雄性麝牛领路。

麝牛吃什么？

麝牛很耐饥渴，它夏天喜欢吃新鲜的野草和灌木，冬天缺乏食物的时候就会挖开积雪吃下面的苔藓。

麝牛

知识小链接

麝牛身上有一层又厚又密的皮毛，能够抵挡寒冷的风雪，零下四五十度也不会被冻伤。

北极动物——驯鹿

你知道吗？

其他种类的鹿都是雄性长着美丽的角，雌性是不长角的，而驯鹿不是这样，无论是雄驯鹿还是雌驯鹿，都长着又长又大的树枝一样美丽的角。

驯鹿吃什么？

驯鹿主要吃石蕊，也吃一些植物的嫩叶和蘑菇等。我国的鄂温克族养驯鹿就有着"逐石蕊而居"的习惯。

驯鹿是群居动物吗？

驯鹿不仅是群居动物，而且每年还会全体进行一次大迁徙。在队伍行进的过程中，它们总是秩序井然地跟着领路的雌鹿匀速前进。在路上它们脱掉厚厚的"棉袄"，换上"夏装"，毛落在地上就成了路标。

驯鹿

知识小链接

驯鹿宝宝的生长速度是十分惊人的，它生下来两三天就可以跟着父母一起行进，一周以后速度就达到了每小时 48 千米，10 天以后就开始长角了。

北极动物——北极狐

你知道吗?

北极狐脚底下的毛特别厚实,能在零下50℃的冰原上行走自如。

北极狐吃什么?

北极狐喜欢吃旅鼠,也吃鸟类、鸟蛋、鱼、贝类等食物。在发现旅鼠时,它喜欢跳起来按住猎物然后吞食。在发现旅鼠窝时它更是兴奋,往往先用爪子刨,到差不多刨开的时候猛地一跳,将旅鼠窝压塌,这样旅鼠就一个也逃不掉了。

北极狐怎样过冬?

北极狐会在冬天储存好食物过冬,如果遇上暴风雪,它可以躲在窝里好几天都不出来。

北极狐

知识小链接

冬天如果窝里的食物吃完了,北极狐会被迫走出窝,但外面食物缺乏,它经常会悄悄跟在北极熊的身后捡它的残羹冷炙。

动物的神秘领地二——南极

你知道吗？

南极是最后一块被人们发现的大陆，也是唯一一块没有人类居住的大陆。

南极适合动物生存吗？

南极被一个巨大的冰盖覆盖，温度相当低，陆地上几乎是不毛之地，只能长一些苔藓、地衣等简单的植物，但海洋里有丰富的藻类、珊瑚、海绵和磷虾，为其他较大动物的生长提供了丰盛的食物来源。

南极是哪些动物的家？

南极洲除了生长了大量抗寒的鱼类，也生活着鲸、海豹、海狮、海豚、企鹅等动物，除此之外还有很多海鸟。

知识小链接

南极储藏着地球上70%的淡水资源，是一个天然的巨大"冰库"。但由于环境污染，南极的臭氧层损耗严重，出现了巨大的空洞，完全修复需要60年的时间。

南极

南极动物——磷虾

你知道吗？

磷虾是许多鱼类爱吃的食物，更是须鲸的主要食物来源。

磷虾生长在哪儿？

磷虾被誉为"世界未来的食品库"，它主要生活在离南极大陆不远的南大洋中，数量繁多。有时磷虾集体洄游甚至会造成海水变色，白天是浅褐色，夜晚则泛着荧光。

磷虾有营养吗？

磷虾含有7种人体必需氨基酸和2种半必需氨基酸，可以增强人体免疫力。磷虾油还含有高质量的胆碱，可以促进婴幼儿和儿童的大脑发育。

磷虾在食物缺乏的时候会脱壳变小，这是它和别的生物不一样的地方。

磷虾

南极动物——阿德利企鹅

你知道吗？

阿德利企鹅在南极的分布十分广泛，是南极最常见的企鹅。

阿德利企鹅怎样过冬？

阿德利企鹅春天会在陆地上繁殖，到了冬天它们会到海洋里过冬，有时可以看见它们成群结队地出现在浮冰或冰山上。

阿德利企鹅怎样照顾幼崽？

阿德利企鹅每年会产 2 枚卵，但只有一个小宝宝会成活。爸爸妈妈在带回食物的时候不会着急喂食，而是逗两个宝宝跑来跑去，它们的目的是看哪只小企鹅比较强壮，成活机会大，就把嘴里的食物喂给它。

阿德利企鹅

知识小链接

爸爸们在照顾小企鹅的时候有时会打起来，如果这时候哪只小企鹅不小心滚出巢外去，而爸爸又没有及时停止打架的话，这只宝宝就有可能被冻死，因为它时刻需要爸爸的体温来保持它的温暖。

南极动物——威德尔海豹

你知道吗?

威德尔海豹又称"僧海豹",主要分布在南极,它是一种极古老的生物,有"活化石"的美誉。

威德尔海豹是怎么呼吸的?

海豹是哺乳动物,所以威德尔海豹必须时常浮上水面来呼吸。如果在水面上,这就是一件很容易的事情,如果恰好碰上结冰的海面,它就需要用锋利的牙齿咬出一个冰洞来呼吸了。但可惜的是,有时候它还没能咬破冰面就已经缺氧而死,或者即使咬破冰面也筋疲力尽失去战斗力了。

威德尔海豹是群居动物吗?

威德尔海豹在繁殖期会几十甚至上百头的生活在一起,其他的时间则喜欢独自生活。

知识小链接

威德尔海豹是潜水能手,一次潜水能在水底停留 1 小时。

威德尔海豹

动物的神秘领地三——森林

你知道吗?

森林有"地球之肺"的美称,它为人类和各种生物的生存提供了至关重要的氧气。

森林适合动物生存吗?

常见的森林类型有针叶林、阔叶林、针阔叶混交林,其中又包括热带雨林、红树林、灌木林等,它们植物种类繁多,为食草动物提供了丰富的食物来源,更是许多肉食动物的理想居所。

森林是哪些动物的家?

森林覆盖了地球的很大一部分面积,而且气候多变、环境复杂,适合多种生物居住,从昆虫到鸟类,从两栖类到爬行类,从无脊椎动物到哺乳动物,包罗万象,应有尽有。

知识小链接

由于人们的过度开垦和乱砍滥伐,森林资源正以每年0.3%的速度减少,很多森林面临缩小甚至消失的危险,如果不加以保护,我们赖以生存的环境将会消失。

森林

森林动物——驼鹿

你知道吗?

驼鹿是一种鹿,不过它在所有鹿中是个头最大的,而且它的角是手掌形的,十分特别。它生活在针叶林,是一种食草动物。

驼鹿吃什么?

驼鹿的食量很大,每天要吃掉 20 多千克的食物,包括树叶、嫩枝、草、浮萍、睡莲等。吃饱了以后它会静静地反刍,有时候也会去舔一舔含盐碱的岩石。

驼鹿有什么本领?

驼鹿虽然看上去笨重,但它可以跳起来去够高处的树叶,也能够连续奔跑好几个小时。更绝的是,它还是一名游泳高手,能横渡海峡,甚至能潜到水下五六米深去寻找水下的植物。

知识小链接

驼鹿很多地方都跟骆驼长得很像,比如高大的身躯、四条长腿、高耸的肩部等,所以人们叫它"驼鹿"。

森林动物——狼獾

你知道吗？

狼獾生活在寒温带的针叶林中，又叫貂熊，它长的有些像熊，又有些像貂，其实它是一种鼬科动物。

狼獾住在什么地方？

狼獾不会自己筑巢，也不喜欢挖洞，它经常住人家废弃的洞穴，比如熊、狐狸、旱獭的洞穴。如果运气不好找不到洞穴，它就栖身于石缝中，或者是枯树洞里，甚至是树根底下。

狼獾吃什么？

狼獾很贪吃，它的食性很杂，什么都吃。能逮到驯鹿这样的大型有蹄动物固然是好，如果逮不到，狐狸、野猫、水獭、松鸡什么的也能充饥，或者蘑菇、果子也行。

狼獾

知识小链接

狼獾喜欢伏击猎物，经常躲在树上或者是路旁，等猎物经过的时候猛然跳起来突然袭击。它力气很大，猎物往往不能逃脱。

森林动物——野猪

你知道吗？

野猪和家猪不仅长得不一样，生长速度也不同，它比家猪长得慢多了。

野猪长什么样？

野猪的皮肤是灰色的，全身长着钢针一样的褐色或黑色鬃毛，尤其是背上的毛又长又硬，雄性野猪长着长长的獠牙，那是它的上犬齿裸露在外面，而且还往上翘。它的耳朵不像家猪那样耷拉下来，而是小小的，竖立在头上。

野猪是群居动物吗？

野猪喜欢结成4～10头的小群活动，它们一般在早晨和黄昏出来活动，还喜欢在泥地中洗泥浴。

野猪

知识小链接

野猪的嗅觉很灵敏，这给它在捕食的时候提供了不少帮助，比如它能精准地闻出鸟巢的位置，然后找到那里偷吃鸟蛋。

森林动物——白尾鹿

你知道吗？

白尾鹿在奔跑的时候尾巴会竖起来露出下面的白毛，所以人们叫它"白尾鹿"。

白尾鹿生活在什么地方？

白尾鹿是一种适应能力很强的动物，很多地方都会看到它的身影。比如针叶林、热带雨林、草原、沙漠等。

白尾鹿吃什么？

白尾鹿是食草动物，但它的食性比较广泛，树叶、树皮、果子、苔藓、菌类、坚果等都是它爱吃的食物。它们一般都喜欢独居，不喜欢群居。

白尾鹿

知识小链接

白尾鹿十分善于跳跃，它跳一下可以达到 9 米远，而且它还能游泳，十多千米的水域它都能游过去。

森林动物——蜘蛛猴

你知道吗？

蜘蛛猴很怕冷，所以它们一般生活在热带雨林里。

蜘蛛猴长什么样？

蜘蛛猴的四肢很细长，尾巴比身体还长，身体上的毛又厚又密，在树上活动时远远看去就像一只巨大的蜘蛛一样，所以人们叫它"蜘蛛猴"。

蜘蛛猴的长尾巴有什么用？

蜘蛛猴的长尾巴可以缠绕在树上，帮助它在树林中穿梭。而且它的抓握能力特别强，可以帮忙采摘嫩枝、水果等食物，所以这条尾巴被称为"第五只手"。而且尾巴中间还有一条直接连接动脉管的中静脉，可以帮助散热。

蜘蛛猴

知识小链接

蜘蛛猴的胆子很小，晚上睡觉时通常一群上百只挤在一起。白天它们也多在树林间活动，遇到危险会发出狗一样的叫声，还会向入侵者扔粪便。

森林动物——箭毒蛙

你知道吗？

箭毒蛙的外衣很漂亮，但它的毒性极强，是最毒的物种之一，黄金箭毒蛙的毒性可以杀死10个成年人。

箭毒蛙长什么样？

箭毒蛙的体长只有2.5厘米，但身体的色彩极其鲜艳，主要以黑色和红、粉红、黄、橙、绿、蓝色相结合，其中以黄色的箭毒蛙最为艳丽。

箭毒蛙吃什么？

箭毒蛙吃果蝇、蟋蟀、蚂蚁等，还吃蜘蛛，它的毒性主要是来源于蜘蛛，它会将蜘蛛的毒液转化为自己的毒液。

知识小链接

箭毒蛙喜欢潮湿阴暗的环境，所以它多分布在巴西、圭亚那、智利等地的热带雨林中。

箭毒蛙

动物的神秘领地四——草原

你知道吗?

草原的形成是与土壤结构和降水有关的,一般土壤层薄或者降水量少的话,树木无法顺利生长,而一些草本植物几乎不受影响,能迅速繁殖,所以久而久之就形成了草原。

草原适合动物生存吗?

草原可以分为温带草原和热带草原。一般草原上的植物种类都比较多,虽然有时会有水草缺乏或者被吃光的现象,但动物们可以通过迁徙来寻找新的草场,所以草原上的动物种类繁多,都生活得很好。

草原是哪些动物的家?

常见的草原动物有狮、虎、豹、狼、鬣狗等掠食者,羚羊、角马、鹿等食草哺乳动物,还有野兔、田鼠、负鼠等啮齿类穴居动物。

知识小链接

草原的气候不是一成不变的,而且每种草原都有自己的气候特点,但大部分的草原都是炎热干燥的,当然这种炎热还不至于热到沙漠那种程度。

草原

草原动物——叉角羚

你知道吗？

叉角羚是草原上的奔跑神手，它的奔跑速度仅次于猎豹和跳羚，最高时速能达到 80 千米。猎豹虽然时速比它高，但耐力远不如它。

叉角羚长什么样？

雌叉角羚的角不分叉，而雄叉角羚的角末端是分叉的，所以它被叫作"叉角羚"。它们细长的腿有助于快速奔跑，遇到危险的时候会竖起尾巴上的白毛来给同伴报信。

叉角羚有什么本领？

叉角羚的眼睛很大，视力特别好，它能看到人类用 8 倍望远镜看到的远距离东西，但离它 10 米左右的东西如果不移动的话，它很难发现。

叉角羚

知识小链接

叉角羚宝宝生下来以后，妈妈每 4 个小时会给它喂一次奶，每次喂完奶宝宝就换个地方藏起来静止不动。而妈妈只需看一眼就可以记住宝宝的藏身之处，每次都能迅速地找到它，这样做是为了躲避草原上的捕食者。

草原动物——跳羚

你知道吗？跳羚天生就是奔跑专家，它的时速可以达到 94 千米，一跳最远可以达到 10 米。它的速度 y 在草原动物中可是不错的成绩，仅次于猎豹。

跳羚长什么样？

跳羚的腿细细长长的，它的肚子被一抹巧克力色的条纹分成两块，上面是棕色，下面是白色。它的脸是白色的，耳朵长长的竖立在头上，雄跳羚和雌跳羚都长角，而且上面有一环一环的纹路。

跳羚吃什么？

跳羚喜欢吃草原上植物的枝叶，有时也吃植物的茎，它们喜欢群居在一起。

跳羚

知识小链接

跳羚喜欢干燥又开阔的环境，它们主要生活在热带稀树草原上。

草原动物——角马

角马是一种很奇特的动物,它的头宽宽的,长着弯弯的角,肩膀也比较宽阔,这些特点都像牛,但它的脸长长的,屁股窄窄的,这样看又很像马,它还长着山羊一样的胡须,实际上它是一种羚牛。

角马非常挑食,它只喜欢吃鲜嫩多汁的叶子。在食物丰盛的雨季,它们会结成小群体生活,在食物缺乏的旱季,它们会形成几十万甚至上百万的群体,迁徙寻找新的草场。

角马的嗅觉非常灵敏,不仅能嗅出狮子、猎豹等天敌的气味,更能嗅出远方雨水的味道,这能帮助它们更快地寻找食物。

角马

知识小链接

角马的迁徙是很危险的,除了陆地上狮子、猎豹、鬣狗的追逐,在非洲肯尼亚的马拉河中,还有等待着它们的尼罗鳄,这是它们迁徙的必经之路,为了寻找食物,它们即使伤亡惨重也在所不惜。

草原动物——犀牛

你知道吗？

在我们的印象中，犀牛总是脾气很坏、横冲直撞的，但实际上，它只有在受到伤害或者感觉到危险的时候才会这样，大多数时候它们很胆小，从不主动伤人。

犀牛长什么样？

犀牛的四条腿又短又结实，鼻子上头长着单角或者双角，它的全身披着一副厚铠甲似的皮肤，经常在泥地里打滚，弄得满身泥巴。

犀牛为什么要在泥地里打滚？

犀牛的皮肤很厚实，但其实它的皮肤褶皱里是非常娇嫩的，为了保护这些嫩皮肤不被蚊虫叮咬，它们会经常洗泥浴。

犀牛

知识小链接

犀牛虽然看上去笨重，但它奔跑起来速度还是相当快的。

草原动物——鬣狗

你知道吗？

鬣狗的名字里虽然带一个"狗"，但它和猫科动物却是近亲。

鬣狗长什么样？

鬣狗长的有些像狼，只不过它的头没有狼那么尖细，而是又短又圆的，嘴巴也不长，有两只大耳朵。它的前半身要比后半身粗壮，而且前腿也比后腿长，身上布满了不规则的花纹。

鬣狗吃什么？

鬣狗喜欢集体捕猎，这样的胜算比单独进攻大多了。它们通常在夜间捕食，发现落单的猎物就一拥而上，十几分钟以后就剩下一堆骨头了。不过它们要是发现狮子、猎豹等吃剩的腐肉，那会更开心。

鬣狗

知识小链接

鬣狗群是以雌鬣狗为首领的，它们过着母系社会的生活。每次出门猎食总是老弱病残留守看家，身强力壮的鬣狗会带回食物喂养留守的同伴。

动物的神秘领地五——沙漠

你知道吗?

沙漠不仅仅指覆盖着细软沙子的荒漠，也包括了沙质荒漠化的土地。沙漠地区都有一个共同特点，就是干旱缺水、植物稀少。

沙漠适合动物生存吗?

沙漠气候干燥，降水量少，植物的种类比较单一，也不能为动物的生存提供有利的条件，因此沙漠里的动物种类也相对比较少。

沙漠是哪些动物的家?

但凡能生活在沙漠里的动物，都有一套抗旱的本领，要么身披盔甲防止水分散失，要么就有厉害的水分回收系统。常见的沙漠动物有骆驼、蜥蜴、蝎子、蛇、鸟类动物和啮齿类动物等。

沙漠

知识小链接

地球陆地的三分之一是沙漠，别以为沙漠一文不值，有的沙漠里还能发现矿藏呢！而且沙漠气候干燥，土质松软，是化石的理想保存地点，所以沙漠也是考古学家最喜欢探寻的地方。

沙漠动物——骆驼

你知道吗？

假如没有水，骆驼照样可以生存三个星期，如果没有食物，它甚至能生存一个月。

骆驼为什么那么耐渴？

骆驼很耐渴，别以为它将水储存在了驼峰里，它的驼峰储存的是脂肪，以备食物缺乏的时候维持生命，其实骆驼耐渴完全因为它的鼻子。它的鼻子里有很多曲折的管道，缺水的时候管道壁上立刻结成一层硬膜，将呼出气体中的水分再回收回来，所以骆驼就很耐渴啦！

骆驼长什么样？

骆驼有个小脑袋，脖子又粗又弯，它的蹄子非常宽大，适合在沙漠里行走。有一个驼峰的叫单峰驼，有两个驼峰的叫双峰驼。

骆驼

知识小链接

骆驼是沙漠地区人类的好帮手，可以帮人们驮运货物，有"沙漠之舟"的美誉。有些人还以骆驼奶为食。

沙漠动物——响尾蛇

你知道吗?

响尾蛇的毒性极强,即使被幼蛇咬到,得不到及时救治的话,也会死亡。

响尾蛇的名字是怎么来的?

响尾蛇的尾巴上有一串中空的响环,尾巴摇动时会发出"嘎啦嘎啦"的声音,以此来警告敌人,所以人们叫它"响尾蛇"。刚孵化的响尾蛇只有一环响环,随着它慢慢长大,响环就会增多,摇摆时声音也越大。

响尾蛇是怎样捕猎的?

响尾蛇可以通过红外线来发现热的物体,从而进行捕食,它不是靠身体紧紧缠住猎物让它窒息来捕捉猎物,而是直接向猎物注射毒素,令猎物无法动弹。

响尾蛇即使死了,仍然能够咬人,研究人员曾经调查了 34 个被响尾蛇咬伤过的人,其中有 5 个人是被死掉的响尾蛇咬伤的。

响尾蛇

沙漠动物——魔蜥

你知道吗?

魔蜥是沙漠里特有的一种蜥蜴,它跟其他蜥蜴一样有非常棒的变色本领,能使自己变成红色、黄色和棕色。

魔蜥长什么样?

魔蜥的全身覆盖着尖刺一样的鳞片,头上还长着两根特大号的尖刺。这些尖刺除了样子看起来吓人以外,还能够帮助它生活在干旱的沙漠里。每到寒冷的夜晚,空气中的水分就凝结在它的刺上,水滴会汇聚在刺的凹槽里,最终流进魔蜥嘴里。

魔蜥吃什么?

魔蜥喜欢用沾满黏液的舌头取食蚂蚁,它能耐心地在蚁穴边好几个小时一动不动,一次能吃1800多只。

魔蜥

知识小链接

魔蜥虽然看起来样子挺吓人,但其实它是一种非常胆小无害的蜥蜴,遇到危险的时候它会把头埋在两只前腿之间。

沙漠动物——蝎子

你知道吗?

世界上大约有 1700 种蝎子,每一种蝎子都有毒,只不过毒性有强弱之分。

蝎子生活在哪儿?

蝎子是一种非常纠结的动物,它怕光,喜欢潮湿阴暗的环境,但又必须每天充分地晒太阳,以便获得热能,提高消化能力和繁殖能力。它的生活需要水,但水又不能太多,当久旱无雨的时候它会钻到地下 1 米深的地方躲起来,当下过雨地面有积水的时候它又会爬到高处躲雨。

蝎子有什么本领?

蝎子虽然没有耳朵,但它全身的感觉毛能探知 1 米以内气流的微弱变化。它的嗅觉也很灵敏,一遇到煤油、农药、油漆等有害物质就会立刻回避。

蝎子

知识小链接

蝎子吃东西很有趣,它擒获猎物以后,会将尾巴向前弯起,向猎物注射毒液,待猎物不动弹了,就先吸取它的汁液,再将猎物撕碎,吐出消化液消化一番,最后慢慢进食。

动物的神秘领地六————海洋

你知道吗？

海洋的面积很大，约占整个地球表面积的71%，海洋的水量占地球总水量的97%，所以地球如果叫"水球"会更合适。

海洋适合动物生存吗？

海洋中有大量的藻类和微生物，这为高等动物的生长提供了丰盛的食物来源，所以海洋不仅适合植物生存，而且也是动物们的温床。

海洋是哪些动物的家？

海洋这个大家庭中生活的动物种类不计其数，从无脊椎动物到脊椎动物，从软体动物到甲壳动物，从卵生动物到胎生动物，不论是海面还是海底，不论是冷水还是暖水，到处都有动物们的身影。

知识小链接

海洋对于人类来说太大了，虽然人们一直以来喜欢探索海洋，但目前为止也就只探寻了其中的5%，还有95%是我们从未涉足过的未知区域，浩瀚无边。

海洋

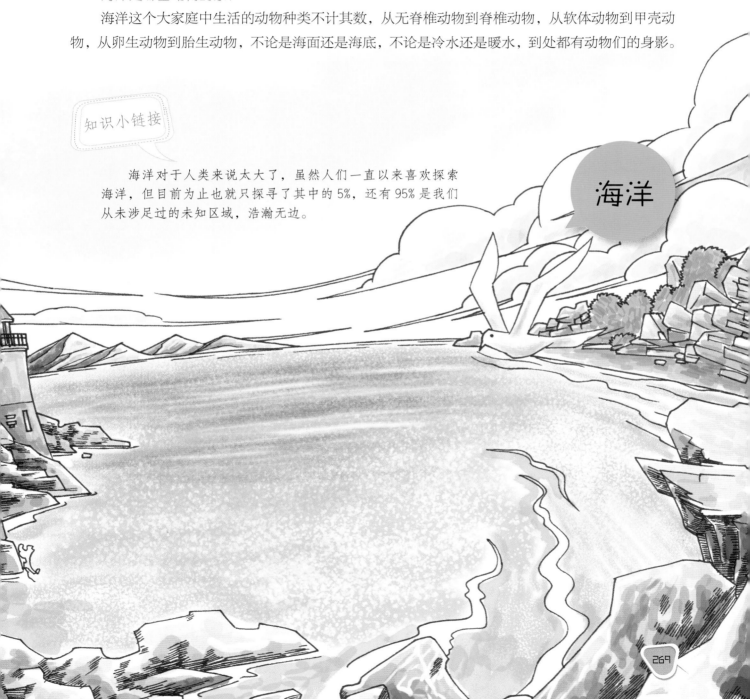

海洋动物——海兔

你知道吗？

海兔不是生活在海里的兔子，它其实是一种螺类动物，又称海蛞蝓。

海兔的名字是怎么来的？

海兔的螺壳已经退化成内壳了，从外面根本看不到。它的体表很光滑，或者有很多突起。它前面的一对触角是管触觉的，后面一对触角稍微长一些，负责嗅觉。行动时后面的一对触角张开成"八"字形，休息时则并拢向上竖起，像一只白兔，所以人们叫它"海兔"。

海兔吃什么？

海兔喜欢生活在清澈的海水中，吃各种海藻，它有一项特殊的本领，吃下什么颜色的海藻身体就变成什么颜色，十分善于伪装。

知识小链接

海兔是科学家们发现的第一种可以生成叶绿素的动物。

海洋动物——蓑鲉

你知道吗？

蓑鲉就是我们平常所说的狮子鱼，它最大的特点就是像扇子一样的腹鳍，非常漂亮。但可要小心，因为它背鳍上有毒刺，人被刺到以后有可能会昏厥。

蓑鲉怎样捕猎？

蓑鲉的鳍张开非常漂亮，而且颜色鲜艳，它通常隐藏在珊瑚礁里，乘小鱼不备的时候猛然收起全身的鳍，像箭一样冲上去咬住猎物。

蓑鲉有天敌吗？

如果蓑鲉不待在珊瑚礁里，它鲜艳的颜色很容易被其他大鱼发现，但越是鲜艳的颜色就越是表明它很危险，大自然中很多动物都有这个特点。它会尽力张开自己的鳍跟敌人周旋，即使被大鱼吞进嘴里，也不容易被咽下去，往往还是被吐出来。

蓑鲉

知识小链接

蓑鲉不仅美丽，而且还十分"钟情"，人们经常看到它们成双成对地在海水里游泳。

海洋动物——石鱼

你知道吗？

如果在海洋里举行一场选美大赛，那么石鱼肯定不会成为大家关注的焦点，因为它太丑了，跟石头简直没有分别，这也是它伪装的一种方式。

石鱼有什么本领？

石鱼算是动物界里有名的伪装高手了，它平时栖息在海底，一动不动，看起来就是一堆石头，等哪个倒霉蛋不小心经过的时候，它就毫无疑问地成为石鱼的口中餐了。

石鱼危险吗？

石鱼是伪装高手，但它的毒性才是最厉害的。它是世界上最毒的鱼，毒液可以使人呼吸困难、浑身剧痛，同时会发烧、恶心、呕吐，还会神经错乱、心脏衰竭，皮肤会在 1 小时以内变成蓝色，接着失去知觉，一命呜呼。

知识小链接

石鱼

虽然石鱼善于伪装，毒性强，但幸亏它行动迟缓，通常是不愿意挪动身体的，只要不侵犯它，大家就能相安无事地生活。

海洋动物——马蹄蟹

你知道吗?

马蹄蟹的祖先出现于泥盆纪,当时恐龙还没有出现呢,可见它是一种多么古老的生物,所以是当之无愧的"活化石"。

马蹄蟹长什么样?

马蹄蟹的身体是马蹄形的,上面隆起,像一层盔甲,拖着一根长长的尾巴剑。它的头胸部前端有两只小单眼,用来感知亮度,两侧各有一只大复眼,由许多小眼睛组成。

马蹄蟹吃什么?

马蹄蟹喜欢吃小甲壳动物、小软体动物和昆虫等。

马蹄蟹

知识小链接

马蹄蟹的血是蓝色的,而且它成长很缓慢,长大需要15年,其间雌马蹄蟹要蜕壳18次,雄马蹄蟹要蜕壳19次。

动物的神秘领地七——河流

你知道吗？

虽然海水占了地球总水量的 97%，但淡水资源对于我们来说仍然是极其丰富的，例如，亚马孙河有 6440 米长，贝加尔湖最深处有 1637 米，每年汇入大海的雨水量多达 500 亿吨。

河流适合动物生存吗？

河水不含盐分，而且营养物质通常要比海水丰富，因此微生物会更容易生长，这也为生活在河流中的动物提供了充足的食物。所以生活在河里是一个不错的选择。

河流是哪些动物的家？

生长在河流中的动物最常见的就是鱼、虾，此外还有鳄、河狸、水獭、蛙、龟、水鸟等。

知识小链接

生活在河里虽然是个不错的选择，但动物自己也要有保卫家园的本领才行，要不然雨季水位上涨的时候可就要被冲走了。

河流

河流动物——射水鱼

你知道吗？

射水鱼有一项高超的本领，它的嘴巴能够吐出一股强力小水柱，射击岸上的猎物，这样它就能吃到蝴蝶、蜜蜂、苍蝇等昆虫啦！所以人们叫它"射水鱼"。

射水鱼为什么能射水？

原来它的上颚有一个小槽，发现目标以后就会用嘴巴先吸足了水，然后用舌头舔住上颚，这样小槽就形成了一个小"水管"，最后用力将嘴巴里的水挤出去，就像玩射水枪一样，3米外的猎物它都能打中，30厘米以内命中率更高。

射水鱼长什么样？

射水鱼有一张尖尖的嘴，身上的鱼鳞多是银白色的，有的泛黄，有的带绿。它有一双大大的眼睛，不仅能观察水下的情况，还能看到水上的猎物。

知识小链接

有的猎物被射水鱼的"水弹"袭击以后，并没有完全落入水中，这时射水鱼就会跃出水面抓住猎物，最高可跳30厘米。

射水鱼

河流动物——狗鱼

你知道吗？

狗鱼是一种非常凶猛的淡水鱼类，它的牙齿很锋利，而且上颚牙齿可以伸出来，有韧带连着。如果一顿食物吃不完，它会将剩下的挂在牙齿上，留着下一顿再吃。

狗鱼长什么样？

狗鱼的身体是细长形的，嘴巴长而扁平，像鸭嘴一样，身上有许多黑斑点，所以它又叫"黑斑狗鱼"。

狗鱼怎么捕食？

狗鱼捕食的时候非常狡猾，当它看到有小鱼靠近时，会用肥厚的尾巴使劲搅动，把水搅浑了，将自己隐藏起来，等到猎物靠得够近了，就一口咬住它。

狗鱼

知识小链接

狗鱼不仅捕食小鱼，也会袭击老鼠、青蛙或野鸡等，它们一天能吃和自己差不多重的食物，吃饱了以后就待在水底不动，一边休息一边消化吃下去的东西。

河流动物——河豚

你知道吗？

河豚是一种有毒的鱼，它的毒性强弱常跟季节有关，而毒素常常分布在内脏、血液和皮肤里，尤其以肝脏和脾脏的毒性最强，人一旦中毒会很快发作，而且一般无法抢救。

河豚长什么样？

河豚的身体圆滚滚的，身上没有鳞片，皮肤上有各种各样的斑纹，体表长着密密麻麻的小刺。

河豚有什么本领？

河豚在遇到危险的时候会迅速吸进水或者空气，使胃胀大，从外面看上去就像一个球，体表的刺也会迅速竖立起来，使敌人无法下口。

河豚

知识小链接

河豚是一种有剧毒的鱼，但味道鲜美无比，所以人们历来有着"冒死吃河豚"的说法。

河流动物——青蛙

你知道吗？

青蛙喜欢生活在水边，它们都是消灭农田害虫的能手，是庄稼的好帮手。

青蛙是怎样吃东西的？

青蛙的舌头很特别，舌根长在嘴巴的前面，舌尖却放在后面，发现小飞虫时，它先是一跳，然后迅速张开大嘴巴，弹出舌头，上面的黏液会将小飞虫黏住，然后迅速将舌头缩回嘴巴里，再跳回到原来的地方，等待下一个猎物。

青蛙怎样繁育下一代？

青蛙将卵产在水里，等小蝌蚪孵化以后会先长出两条后腿，再长出两条前腿，之后尾巴退化消失，这时候它们就可以上岸生活啦！

知识小链接

青蛙

青蛙的眼睛很特殊，它对移动的东西比较敏感，静止不动的东西它一般都视而不见。

动物的神秘领地八——湿地

你知道吗？

湿地多指有静止水和流动水的大片浅水区，在全世界范围内分布都很广泛，它和森林、海洋并称全球三大生态系统。

湿地适合动物生存吗？

湿地有种类庞杂的植物，为动物的生长提供了养料，而且湿地的生活环境良好，气候宜人，湿度适中，是许多动物安家的好地方。

湿地是哪些动物的家？

湿地中除了有许多哺乳动物和两栖动物之外，还生活着许多鱼类，而且也是鸟类的乐园，因为湿地不仅可以为鸟类提供丰富的食物，也能为它们提供安全的庇护场所。

湿地有"地球之肾"的美誉，是多种鱼类和鸟类产卵、繁殖的场所。

知识小链接

湿地

湿地动物——沼泽猴

你知道吗?

沼泽猴是人类最后发现的灵长类动物,顾名思义,它们生活在沼泽地区。

沼泽猴长什么样?

沼泽猴的毛是深橄榄色的,鼻子粗长,它们一年中有一半时间生活在海边的岩洞里,另一半时间则生活在沼泽地的红树林里。

沼泽猴为什么会在岩洞和红树林之间来回迁徙?

红树叶、果子、鱼、虾,还有沼泽地的螃蟹,这些食物是沼泽猴繁育后代的食物保障,因此它们每年会从海边游到红树林繁育后代,等到红树林食物短缺了,再游回海边定居。

沼泽猴

知识小链接

红树林是大蟒蛇、短吻鳄等凶猛动物频繁出入的地方,因此它们在红树林的生活相当危险。而且每次海中迁徙泅渡的过程还会面临短吻鳄的拦路抢劫,每次的迁徙都会一半的沼泽猴丧生,它们的生存现状实在令人担忧。

湿地动物——中华秋沙鸭

你知道吗？

中华秋沙鸭是我国特有的物种，已生活了一千多万年了，而且数量极其稀少，是我国的一级重点保护动物，也是比扬子鳄还稀少的国际濒危动物。

中华秋沙鸭长什么样？

中华秋沙鸭背上的羽毛是黑色的，腹部和尾巴的羽毛是白色带着斑点，头上的冠羽长长的，非常容易辨认。

中华秋沙鸭怎样繁育下一代？

中华秋沙鸭通常会将巢筑在水边的树洞里，树洞的高度一般会离地面至少10米。幼鸟孵化出来以后会在巢里生活一两天，之后就跳入水中了，对于它们来说，水中比陆地安全多啦！

中华
秋沙鸭

知识小链接

中华秋沙鸭只有在迁徙的时候才会集成较大的群体，平时都是以家庭为单位生活的。它们喜欢潜入水中捕捉鱼虾，一有动静就游到隐蔽的地方躲藏起来。

湿地动物——江豚

你知道吗？

江豚和海豚一样有回声定位系统，称为"声呐"，可以据此来捕食和逃避危险。

江豚的胆子小吗？

江豚不像白鳍豚那样胆小，它们经常跟在来往的游轮后面，随着浪花上下起伏，而且它们还很调皮，游泳的时候嘴巴会一张一合，喷出水柱，有时能喷出六七十厘米远。

江豚怎样呼吸？

江豚一般隔一分钟就要浮上水面呼吸一次，但如果它受到惊吓了，也可以在水下待七八分钟再上来呼吸。当气压很低的时候，它们会顶着风"出水"，这也许是想获得更多的氧气。

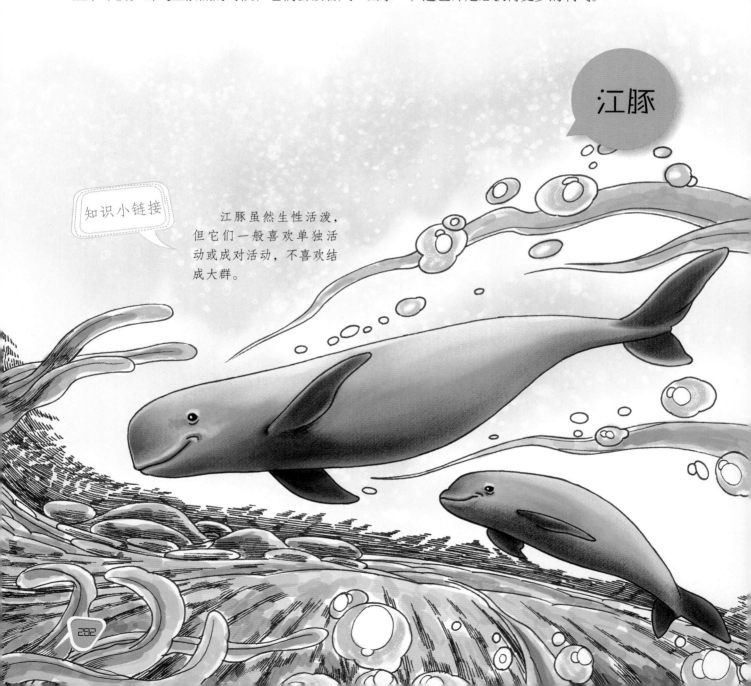

江豚

知识小链接

江豚虽然生性活泼，但它们一般喜欢单独活动或成对活动，不喜欢结成大群。

湿地动物——水貂

你知道吗？

水貂的手指间和脚趾间都有蹼，所以它们十分善于游泳和潜水。

水貂长什么样？

水貂的身体是细长形的，尾巴也很长，毛非常蓬松。它的头很小，眼睛圆圆的，耳朵也是半圆形，看上去非常可爱。

水貂吃什么？

水貂喜欢单独活动，一般在夜里捕食，它生活在水边，经常吃水里的鱼、青蛙，也吃岸上的老鼠和兔子等啮齿类动物。

水貂

知识小链接

水貂的毛细密丰厚，皮质坚韧轻薄，所以水貂皮是一种非常珍贵的裘皮，也是我国对外贸易的品种之一，但由于市场的需求，水貂遭到过度的捕杀，数量已急剧下降，水貂已被列为我国二级保护动物。

湿地动物——麝鼠

你知道吗？

雄性麝鼠在繁殖期会分泌一种极具香味的麝鼠香，它是一种名贵的中药，又是制作香水的原料。

麝鼠长什么样？

麝鼠长的就像一只大老鼠，它全身被一层防水的毛覆盖着，有一条几乎和身体一样长的粗壮尾巴。它的后爪上有蹼，善于游泳。

麝鼠生活在哪儿？

麝鼠喜欢生活在沼泽、河流、湖泊等地，喜欢将巢筑在河岸上或是水草间，洞穴里有几个粮仓，并有许多通道。它们喜欢吃植物的嫩叶、幼芽、块根、块茎，也吃人们栽种的瓜果蔬菜、谷物豆类。

知识小链接

麝鼠会传播兔热病、鼠疫等疾病，它在堤坝上筑巢也会损毁河堤和防洪设施，是有一定的危害性的。

麝鼠

动物的神秘领地九——城镇

你知道吗？

我国是最早的城市发源地之一，位于湖南澧阳平原上的城头山距今已有6000年的历史了，是中国最古老的城镇。

城镇适合动物生存吗？

人们居住在城镇中，日常生活产生的垃圾已是动物取之不尽的食物来源了，而且有些动物如狗、猫、鸽子等和人类建立了友好的关系，还能得到更好的食物，所以在城镇中居住是动物又一理想的选择。

城镇是哪些动物的家？

看看你周围，可以发现许多动物的身影，鸡、鸭、鹅、狗、猫、喜鹊、麻雀、燕子、鸽子，甚至是令人讨厌的老鼠、蟑螂、苍蝇、蚊子等。

知识小链接

从古至今，我国在城市的发展上经历过很多辉煌，两宋时期的汴京和临安、汉唐时期的长安、明清时期的北京等都是历史上有名的城市。

城镇

ANIMAL ENCYCLOPEDIA

观察动物建筑

翻开本书，你便会进入一个栩栩如生的动物世界，和形形色色的动物成为好朋友，在不知不觉中悄然成为动物科普小专家。

带院子的"豪宅"——河狸

你知道吗？

河狸的家不仅有"房屋"，还有"院子"呢！

河狸家的"院子"是什么样的？

河狸的"院子"很讲究，它将很多根粗细不等的树干、树枝咬断，拖到水下编成一个封闭的框架，然后向这个框架里填充厚实的泥土和树叶等，形成一堵牢固的"围墙"。

这个"院子"有什么好处？

在"围墙"里，河水的流动和涨落不会受到外面河水的干扰，河狸就可以在这个安静的"院子"里生活了，不用担心家被淹掉。

河狸

知识小链接

对于河狸来说，每一根树干插入水中都是一项巨大的工程，何况它的千里之堤是由无数根树干组成的，真令人匪夷所思！

河狸家的"房屋"是什么样的?

河狸的"院子"通常是围绕大树建成的,它会在大树的根部挖一个大洞当作窝,如果没有大树呢,它就在"院子"中央砌一个大土墩,将里面掏空住进去。

"房屋"的门在那里?

河狸很聪明,会将洞口开在水底下,既然它的皮毛防水,那么从水底下的门进入家里也没什么关系了。

这样的"房屋"有什么好处?

有水的天然保护,别人就没办法进入它的家啦!而且出门就是"院子","院子"里有鱼有虾,不愁没有吃的。

知识小链接

河狸有这么高强的建筑本领离不开它的门牙,它的门牙十分厉害,一颗直径 40 厘米的树它 2 小时就能咬断。

河狸

像迷宫一样的家——白蚁

你知道吗？

白蚁家族等级森严，是由一对蚁后蚁王、大量的工蚁和兵蚁组成的。

白蚁的家族成员负责什么工作？

蚁后的身体白白的，又肥又胖，平时挪动身体都很困难，只负责产卵；蚁王只负责和蚁后交配；兵蚁是"卫兵"，负责白蚁"王国"的安全；工蚁是最忙碌的，觅食、筑巢、打扫卫生、照顾蚁卵和幼蚁等，什么活儿都要干。

白蚁吃什么？

白蚁喜欢吃植物的根、茎，干枯的树枝、树桩也吃，甚至吃塑料、电线、砖头、石块、金属，真让人难以置信！

白蚁

知识小链接

除去地面下的蚁穴不算，白蚁最高的"楼房"可以达到 12 米！

白蚁喜欢在哪儿筑巢？

白蚁喜欢在房屋建筑里面安家，江河堤坝也是理想地点，或者干脆"平地起高楼"，在地面上筑起一座大土堆。

白蚁的巢穴容易倒塌吗？

白蚁的"摩天大厦"是用唾液、泥巴等东西搅拌形成的"混凝土"做成的，非常坚固。

"大厦"里面是什么样的？

"大厦"内部结构复杂，有许多四通八达的网络。白蚁在"大厦"里面用自己的便便养鸡枞菌，不仅可以当作食物，鸡枞菌产生的热量还能控制整个"大厦"的温度，"大厦"通风良好，冬暖夏凉，十分舒适。

知识小链接

白蚁"王国"的某个"职位"一旦空缺就会立刻有其他白蚁补上，所以消灭白蚁十分困难，一定要交给专业人员才行。

白蚁

像公寓一样的鸟巢——织布鸟

你知道吗?

织布鸟是一种群居鸟类,它们不仅活动在一起,连巢穴有时都搭在一起。

织布鸟的"织布"技术怎么样?

织布鸟是动物中的"纺织能手",尤其雄性织布鸟技艺更是高超,整个筑巢工作基本都是它完成的。

织布鸟怎么"织布"?

织布鸟会采来新鲜柔嫩的枝叶,用缠绕、编织的方法编出一个像鸭梨一样的巢,挂在树枝下面,出口靠近下半部分,为了防止被风吹动,它还会在里面填一些泥巴。为了寻找不同的雌鸟作为伴侣,雄织布鸟有时会编好几个巢。

织布鸟

知识小链接

在巢里填上一层厚重的泥巴,这样风一吹,巢就不会晃来晃去了。

织布鸟会"合作"吗?

织布鸟喜欢群居,一般情况下它们会在一棵树上编好多个独立的巢,分开生活,但也有一起合作的情况。它们会共同努力将独立的鸟巢连在一起,形成一个巨大的"公寓"鸟巢,就像一个大干草堆。

织布鸟住在一起吗?

每一对织布鸟在"公寓"里都会分到一间屋子,有单独的出入口,互不干扰。

织布鸟每年都会重新筑巢吗?

织布鸟喜欢用以前的旧鸟巢,重新加点材料修缮一下就能住得很好,有时候一个大鸟巢能生活好几代鸟。

织布鸟

知识小链接

织布鸟虽然只有麻雀大小,但它极讲究生活质量,单独的鸟巢居然有几十厘米大!

天罗地网——蜘蛛

你知道吗?

我们都知道蜘蛛有8条腿,可是有一件事你未必知道,蜘蛛虽然小,但它有8只眼睛哦!有的蜘蛛还有剧毒呢,比如黑寡妇。

蜘蛛的网结实吗?

它结的蜘蛛网结构非常合理,吐出来的丝坚韧耐用,堪称一绝,是动物界的又一奇观。

蜘蛛喜欢把网结在哪儿?

蜘蛛每结一张网只需要1个小时,它的丝腺可以源源不断地分泌蛛丝,所以如果网坏了一点儿也不心疼,重新结一张就是。它一般会赶在清晨之前将网结在屋檐下、树丛间等地方,以捕捉飞来飞去的小昆虫。

知识小链接

蜘蛛丝非常坚韧,科学家们认为,如果经过加工,它可以用来制作防弹背心。

蜘蛛

蜘蛛怎么结网？

蜘蛛先吐出一条丝，飘到某个东西上固定下来。之后它爬到这根丝的某一点上，吐出好多根丝做成辐射状的框架。然后它回到中心，从里向外再从外向里结成一圈一圈的螺旋丝。

蜘蛛所有的丝都很黏吗？

蜘蛛从里到外织的螺旋丝没有黏性，是用来走路的。等到从最外圈开始向里结螺旋丝时，这种丝才黏，能捕虫，而且它会将先前没有黏性的螺旋丝吃掉。

蜘蛛怎样用蛛网捕食？

蜘蛛织完网以后会拉一根长长的丝绑在脚上，猎物一旦上门，它就会爬过去向其体内注射一种消化酶，等消化得差不多了，它就可以吸食汁液了。

知识小链接

除了织网，蜘蛛还会用丝做一个球，随风飘到别的地方。

蜘蛛

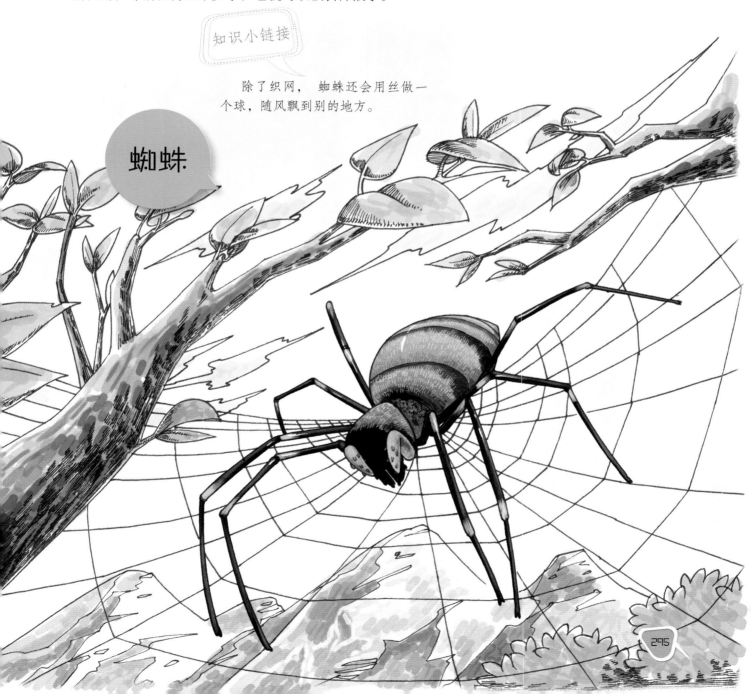

唾液搭成的窝——燕子

你知道吗?

燕子是一种候鸟,冬天会飞往南方过冬。每当春风拂面、杨柳依依的时候燕子就飞回来了,所以它是春天的象征。飞行的时候,它的尾巴像一把剪刀在空中挥舞,非常灵巧可爱。

燕子是益鸟吗?

燕子飞回温暖地带以后,通常以蚊子、苍蝇等害虫为食,所以它是一种益鸟。

燕子喜欢将窝搭在哪儿?

燕子可以在树上、石头缝或者峭壁上筑巢,不过它更喜欢和人类住在一起,最喜欢将窝搭在屋檐底下。

知识小链接

要是人们愿意,燕子甚至可以将巢搭在房屋的天花板上。

燕子

燕子是用什么搭窝的?

燕子会用自己的唾液混合泥巴、草茎等东西，做成一颗一颗的泥球垒砌起来搭窝。

燕子是怎么搭窝的?

它们先衔回来一些泥球垒一个"地基"，再用更多的泥球垒在这个"地基"上，扩大窝的底部。当碟子形状的底部修好以后，它们会在窝的上部贴近房檐的地方留下一个小口子，并且在这个口子上搭一个平台，方便父母给宝宝喂食。窝里面还会铺上柔软的羽毛，非常舒适。

燕子每年都会重新筑巢吗?

燕子的巢是辛辛苦苦搭成的，因此它通常每年会回到以前的旧巢中生活，重新衔点泥巴修复修复，再重新铺点羽毛进去就能用了。

知识小链接

燕子的泥球因为混合了唾液，具有很好的黏性，所以燕子窝十分坚固。

燕子

下了"血本"的燕窝——金丝燕

你知道吗?

燕子在房檐下做的窝不能吃,那不是燕窝,能吃的燕窝是指金丝燕的窝,是金丝燕辛辛苦苦用自己的唾液做成的。

金丝燕长得和燕子相似吗?

金丝燕的身型比家燕小一点,翅膀虽然和家燕一样比较细长,但尾巴完全没有剪刀的形状,不过它的飞行能力倒是不逊色的。

人们为什么吃燕窝?

燕窝的蛋白质和矿物质都很丰富,具有很高的营养价值,所以经常被人们采食,人们还会圈养金丝燕,专门利用它们来生产燕窝。

金丝燕

知识小链接

每年冬天,金丝燕会从西伯利亚等地飞到热带沿海的天然山洞里繁殖,所以印度、东南亚、马来群岛等地的荒岛山洞里会有很多燕窝。

金丝燕用什么来搭窝？

金丝燕的喉部有很发达的黏液腺，分泌出来的唾液很有营养，能在空气中自然凝固，是搭窝的好材料。

金丝燕是怎样搭窝的？

金丝燕在山洞中一口一口地吐着唾液，积少成多，最后堆积在一起筑成一个白色的巢，形状就像小碗。

所有燕窝都是白色的吗？

燕窝有白色的，但也有的燕窝因为夹杂了羽毛、草叶、便便等，会有些泛黄，甚至还有红色的燕窝。采摘下来的燕窝不能直接食用，要经过加工处理才行。

金丝燕

知识小链接

当金丝燕把巢安在含铁元素较多的岩石上时，燕窝就会吸收岩石里的铁元素而变成红色，称作"血燕"，它其实不是金丝燕吐血染成的。

最危险的窝——棕雨燕

你知道吗?

棕雨燕有一项特殊本领,它能在飞行中捕食昆虫。

棕雨燕的巢喜欢筑在哪儿?

棕雨燕喜欢成群结队地将窝搭在棕榈树叶上,和燕子、金丝燕比起来,它可"懒惰"多了,筑的巢也十分差劲。

棕雨燕怎么搭窝?

棕雨燕也用唾液筑巢,但是它的唾液不像金丝燕那样名贵,所选的辅料又没有燕子那么结实,经常只是用木棉花絮和植物纤维混合唾液凑合凑合,将一端固定在棕榈树叶的背面,另一端悬空。

知识小链接

棕雨燕

棕榈树的树叶虽然软,但是比较宽大,可以给棕雨燕遮风挡雨。

棕雨燕的窝舒服吗？

由于棕雨燕的巢一端是悬空的，开的口子又在下方，而且棕榈叶又十分的软，风一吹，整片叶子摇晃起来，棕雨燕随时都有从窝里掉下来的危险，一点儿也不舒适。

棕雨燕一次能下几个蛋呢？

这么简陋的屋子，如果盛太多卵岂不是要掉下去了？所以棕雨燕也很聪明，为了防止不必要的损失，它一次只下两个蛋。

棕雨燕怎么孵蛋呢？

棕雨燕孵蛋的时候必须时时刻刻用可怜的小爪子抓住窝的边缘，要不然它就要掉下去啦！

知识小链接

棕雨燕的分布范围十分广泛，而且数量众多，所以它是一种无生存危机的物种。

棕雨燕

善于利用空间的房子——蜜蜂

你知道吗？

一个蜜蜂家族是由一个蜂王、少量雄蜂和大量工蜂组成的。

这些成员负责做哪些事？

蜂王身体硕大，只负责产卵；雄蜂负责与蜂王交配，但它们交配完就死了；工蜂可繁忙了，负责筑巢、打扫卫生、采集花蜜和花粉、照顾蜂王和卵及幼虫等工作。

蜜蜂吃什么？

所有的蜜蜂都是吃花粉和花蜜的，它们每天都要在花朵中忙碌，被称为动物界的辛勤劳动者。它不仅天天采花粉、花蜜，还可以在肠道中将花蜜转化为蜂蜜。

知识小链接

在蜂巢里蜂王拥有单独的蜂房，称为"王台"，吃的也是单独的"贡品"蜂王浆。

蜜蜂

蜜蜂的巢是用什么做的？

辛勤的工蜂会分泌极其珍贵的蜂蜡，蜂巢就是用蜂蜡做成的。

蜜蜂的巢是什么样的？

为了充分利用空间，工蜂将每个巢室都做成正六边形，开口微微向上，这样储存在里面的食物就不会流出来。

蜜蜂的巢足以让它们过冬吗？

蜜蜂过冬自有妙招，它们会在蜂房里挤作一团，还会多吃蜂蜜来产生热量，以此保持蜂房的温度。待在中心的蜜蜂还会不时将暖和的位置让给外围的蜜蜂，这样轮换着位置，齐心协力一起过冬。

蜜蜂

知识小链接

蜜蜂尾巴上的刺长有倒钩，如果蜇人的话倒钩会钩住皮肤，连同内脏都一起拉出来，蜜蜂就会很快死去，所以除非感觉到危险，否则它是不会轻易蜇人的。

倒置的房子——黄蜂

你知道吗?

黄蜂的种类很多,世界上已知的种类有 5000 多种,在我们国家也分布得很广。

黄蜂长什么样?

黄蜂的体形要比蜜蜂大很多,也不像蜜蜂一样看上去圆圆胖胖的,它的胸和肚子都是圆鼓鼓的,几乎就要分开了,中间只有一个细细的柄连着。

黄蜂的窝搭在哪儿?

和蜜蜂大家族一样,黄蜂群也是由蜂王、雄蜂、工蜂组成的。它们喜欢将巢筑在很多地方,泥土里、树干里、灌木丛里、枝条下,甚至是人类的屋檐下,很不受人类的欢迎。

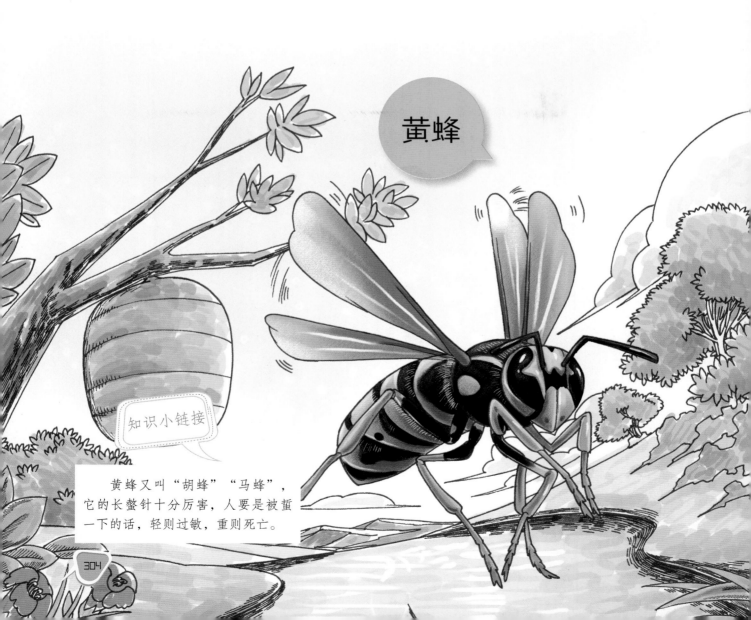

黄蜂

知识小链接

黄蜂又叫"胡蜂""马蜂",它的长螯针十分厉害,人要是被蜇一下的话,轻则过敏,重则死亡。

黄蜂的蜂巢是用什么做的？

黄蜂如果想偷懒呢，就在枯竹子上咬几个小洞，将卵产在里面孵化。如果讲究一点呢，就会用木头来筑一个精致的巢，这跟蜜蜂用蜂蜡筑巢很不一样。

黄蜂是怎样筑巢的？

黄蜂的嘴巴很厉害，能将木头嚼个稀巴烂，再吐出来和唾液混合在一起，做成排列紧密的蜂房。它们的蜂房可以有好几层，中间用一根柱子连起来。黄蜂的蜂房开口都朝下，黄蜂宝宝睡觉和吃东西都是倒着的。

黄蜂宝宝倒着怎么吃东西？

蜜蜂的幼虫会在巢室里自己吃花粉和蜂蜜，而黄蜂宝宝每次"吃饭"都是由工蜂亲自喂的。

黄蜂

知识小链接

黄蜂在500米以内都可以认识回家的路，超过500米它就会迷路了。

超级华丽的鸟巢——雄性园丁鸟

你知道吗？

雄性园丁鸟的求爱方式很特别，它会衔着一些精美的东西在雌鸟面前跳舞，还会请琴鸟来"伴奏"呢！

雄性园丁鸟的鸟巢是什么样的？

雄性园丁鸟首先会选择一块林间空地，清理掉树叶等杂物，然后选取长短粗细都差不多的树枝插在地上，形成一条通往"家"的走廊。它的"家"也是用树枝搭成的，有墙有屋顶，门前和走廊上还摆放着各式各样的装饰品。

这种鸟巢有什么作用？

雄性园丁鸟的超级华丽鸟巢修建好以后，它会邀请雌鸟来参观，如果雌鸟觉得满意就会成为它的"妻子"。

雄性
园丁鸟

知识小链接

雄性园丁鸟成功吸引一位"妻子"以后会与它交配，之后会再吸引其他的雌鸟，所以它有很多"妻子"。

雄性园丁鸟的装饰品会选哪些?

它会收集花朵、果实、蘑菇、岩石碎片、鹅卵石、蜗牛壳、贝壳、骨头,还会从人类那儿偷来玻璃、眼镜、钱币、钻石、镜子、电线、瓶盖等,凡是鲜艳的东西它都来者不拒。

这些装饰品是从哪儿来的?

雄性园丁鸟会自己收集装饰物,有时看到别的雄鸟家有什么好东西,也会"顺手牵羊"拿来用用。

雌鸟一点活儿都不干吗?

其实园丁鸟真正用来孵蛋的鸟巢是雌鸟修建的,其貌不扬,离这个华丽的"空房子"大概有几百米远。

知识小链接

雄性园丁鸟的巢很漂亮,它自己本身也不丑,羽毛非常鲜亮闪耀。

雄性园丁鸟

装了"空调"的房间——草原犬鼠

你知道吗?

草原犬鼠其实就是我们平常所说的"土拨鼠",是一种小型的草原鼠,也是一种十分可爱的动物,它们喜欢用亲吻的方式来互相交流。

草原犬鼠的家喜欢安在哪儿?

草原犬鼠是各种鹰、狐狸、蛇的美餐,为了尽量躲避它们,它就把家安在地底下。

草原犬鼠是群居动物吗?

草原犬鼠十分喜欢群居生活,再多成员在一起都不会发生打斗现象。通常一个家庭由一位爸爸、好几位妈妈和不少兄弟姐妹组成,好多家庭会聚居在一起。

知识小链接

一只雌鼠最多可以和 5 只雄鼠交配,所以家族的兄弟姐妹中会有不少是"同母异父"的。

草原犬鼠

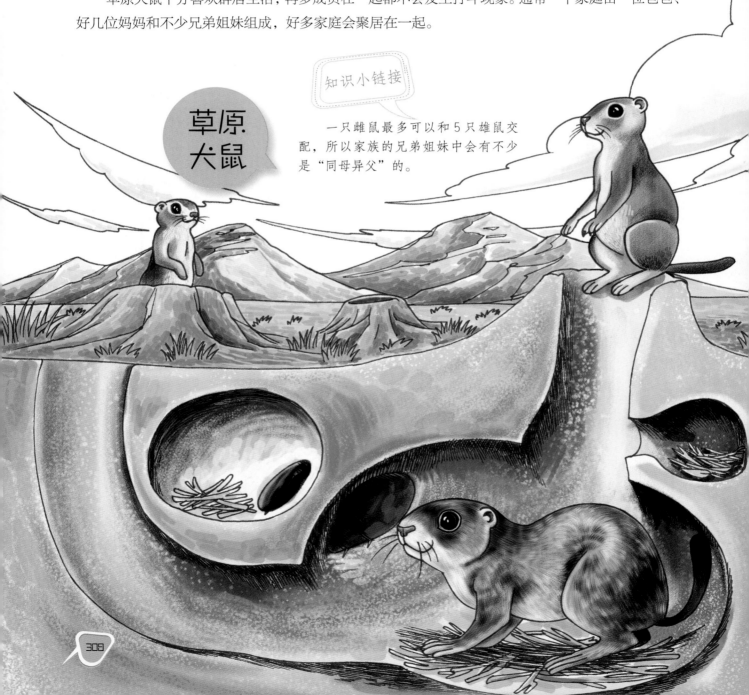

草原犬鼠地底下的家会潮湿阴暗吗？

别以为地底下的洞一定又阴暗又潮湿，草原犬鼠的家可是安装了"空调"的。

草原犬鼠家的"空调"什么样？

它的地洞有两个出口，一个口开在平地上，另一个口开在隆起的土堆上，两个口高度不一样，压强也不一样，所以空气就会从平地那个洞口流进去，再从土堆那个口流出来，就形成凉爽的风啦！

这种窝有什么好处？

草原犬鼠真可以算得上是动物中的"物理学家"了，它们这种巧妙的设计，使窝里随时保持通风良好的状态，常年都是干燥舒适的，在这样的窝里生活甭提有多开心啦！

知识小链接

在隆起的土堆上开的那一个口还能防止进水呢！

草原犬鼠

水下的"活动房屋"——石蚕蛾

你知道吗？

石蚕蛾是一种昆虫，幼虫生活在水底下，是真正的建筑大师。

石蚕蛾的巢是什么样的？

石蚕蛾幼虫在水底孵化，吃藻类植物，同时它自己也是鱼的美餐，所以它们会找来一些不起眼的材料，吐丝将这些材料黏合成一根管子一样的"活动房屋"，在河底伪装起来。

石蚕蛾怎样居住在"活动房屋"里？

石蚕蛾幼虫将做好的"活动房屋"套在肚子上，将头露出来，没有危险的时候就可以正常觅食、活动，有危险了就缩进去躲避。

知识小链接

石蚕蛾对水质的要求非常严格，它喜欢洁净没有污染的水源，所以看看水里有没有它们存在，就知道水质好不好了。

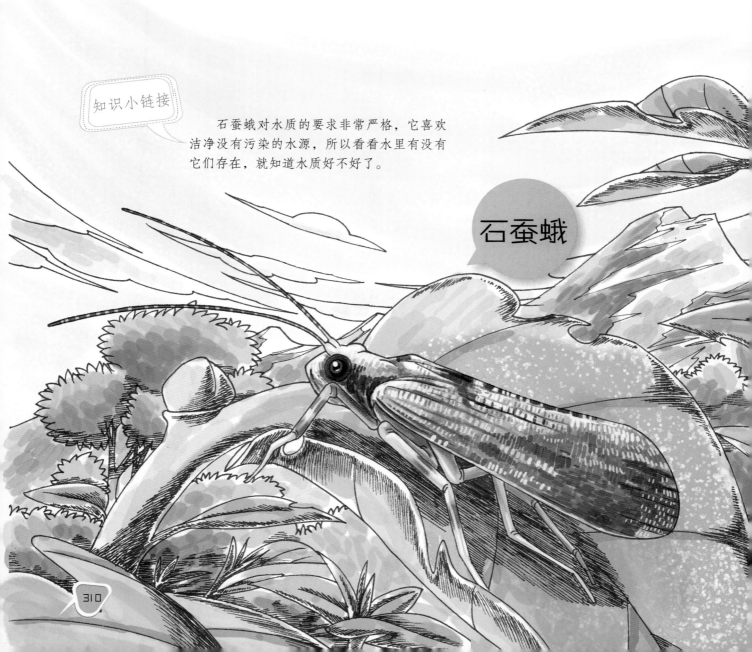

石蚕蛾

石蚕蛾的"活动房屋"是什么做成的？

贝壳、沙子、植物碎片等都是石蚕蛾用来筑巢的理想材料，有时候材料太大了，石蚕蛾还会用有力的双颚将它切碎加以利用。

石蚕蛾怎么到水面上生活？

到了一定阶段，石蚕蛾幼虫会吐丝将"活动房屋"的两端封起来，粘在岩石或植物上，附着在河床底部，然后躲在里面化成蛹。

所有的石蚕蛾都会在"活动房屋"里化蛹吗？

有的石蚕蛾幼虫会丢弃生活的"活动房屋"，另外吐丝结成一个茧子化蛹，不过不管怎么样，蛹最后都会将"活动房屋"或者茧咬破，浮到水面上来，变成石蚕蛾。

知识小链接

别看石蚕蛾用的材料不起眼，等石蚕蛾弃巢以后，它们的巢就会变成制作珠宝的原材料了，十分珍贵哦！

石蚕蛾

有"秘密房间"的房子——鹦鹉螺

你知道吗?

鹦鹉螺是一种古老的生物,它在地球上已经生活了数亿年了,被称为"海洋中的活化石"。

鹦鹉螺的"房子"外形是什么样子的?

鹦鹉螺有一只螺旋形的大螺壳,差不多有 20 厘米大,形状像鹦鹉的嘴,所以叫"鹦鹉螺"。这只螺壳是乳白色的,表面非常细腻光滑,上面排列着许多橙红色的像火焰一样的条纹。

鹦鹉螺的"房子"容易碎吗?

鹦鹉螺的壳又大又厚,是由两层材料构成的,外面一层是磁质层,里面是美丽的珍珠层,非常坚固。

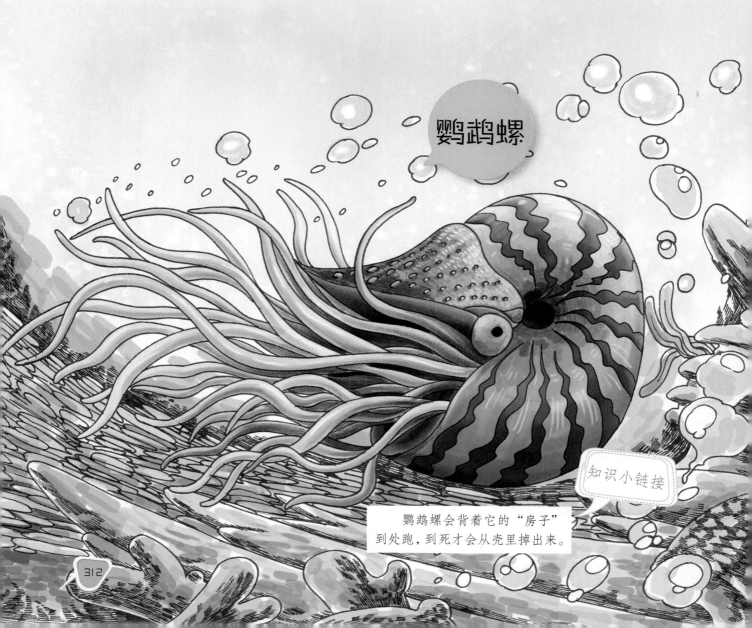

知识小链接

鹦鹉螺会背着它的"房子"到处跑,到死才会从壳里掉出来。

鹦鹉螺的"房子"里面是什么样子的？

鹦鹉螺的螺壳里面构造十分精巧，如果把螺壳剖开，可以看到里面的形状像螺旋形楼梯一样，而且有很多"小房间"。这些"小房间"从里到外越来越大，最外面的一个房间最大，鹦鹉螺就住在这个房间里。

这些"小房间"有什么作用？

鹦鹉螺的"房间"最多可以有 36 个，由一根管子连通起来。鹦鹉螺靠这根管子控制"小房间"里的海水和空气，这样它就可以自由上升或下降啦！

鹦鹉螺的身体是什么样的？

鹦鹉螺有 60 或 90 只触手，这些触手是没有吸盘的，其中有两只很肥大，当身体缩进螺壳的时候就用它们把螺口盖住。

知识小链接

鹦鹉螺在奥陶纪的时候曾经是海洋的霸主，身长可达 11 米。

鹦鹉螺

可以"关门"的房子——蜗牛

你知道吗？

别看蜗牛慢吞吞的似乎十分憨厚，它可是一种农业害虫哦！它喜欢吃植物的嫩叶和嫩芽。蜗牛不仅可以吃，它的肉和壳还有药用价值呢！

蜗牛长什么样？

蜗牛背着一个大螺壳，眼睛长在触角顶端，它的肚子上有一只扁平宽大的脚，看起来就像它的肚子，这脚会分泌黏液帮助行走，还可以防止昆虫的侵害。

蜗牛生活在什么地方？

蜗牛喜欢生活在阴暗潮湿的环境里，它虽然喜欢潮湿，但不喜欢被水淹，因为那样它会窒息。

蜗牛

知识小链接

蜗牛本身不大，它的嘴巴尤其小，和针尖差不多，在蜗牛的触角中间往下一点儿的地方有一个很小的洞，那就是它的嘴巴。

蜗牛的"房子"在哪儿？

蜗牛和鹦鹉螺一样，背上的壳就是它的家，走到哪儿就会把这座"房子"背到哪儿。

蜗牛的"房子"容易碎吗？

蜗牛的"房子"比较薄，也比较脆弱，它屁股上的螺旋形可以往左边旋也可以往右边旋。

蜗牛的"房子"有门吗？

蜗牛平时觅食和休息的时候不需要"关门"，只有当它们冬眠或夏眠的时候才会暂时做一道"门"将整个螺壳封起来。这道"门"其实是蜗牛分泌的黏液干了以后形成的一层膜。

蜗牛

知识小链接

蜗牛的嘴巴里足足长着26000多颗牙齿，是世界上牙齿最多的动物了，这些牙齿都长在舌头上，叫作"齿舌"，它的牙齿并不能咀嚼食物，而是用齿舌将食物磨碎。

挂在树梢上的"摇篮"——黄莺

你知道吗？

黄莺也叫黄鹂，是动物界的"歌唱家"，它的声音十分清丽婉转，令人陶醉，古时候很多诗人都争相写诗来赞美黄莺，例如"自在黄莺恰恰啼""两个黄鹂鸣翠柳"等。

黄莺长什么样？

黄莺长得十分俊俏，通体金黄色，背上的羽毛有点发绿，十分鲜嫩，眼部有一条宽阔的黑色纹路。

黄莺的窝搭在哪儿？

有的鸟类喜欢把巢安在树洞中，有的喜欢安在树干上，而黄莺的巢却喜欢安在柔软的树梢上，随着风轻轻摇摆，像"摇篮"一样。

黄莺

知识小链接

"莺歌燕语"用来形容阳光明媚、鸟语花香的春天，这里的"莺"指的就是黄莺。

黄莺喜欢在什么地方活动?

黄莺是栖息在树上的鸟儿,很少下地来活动,通常都是在树林间穿梭。

黄莺的巢是什么样子的?

黄莺先用枯草、树枝、竹叶、草茎等搭一个深环状的巢,再用细枝、卷须甚至是蛛丝来黏合、加固,里面铺上柔软的松针、草穗,不仅坚固而且舒适,可不就是个摇篮嘛!

这样的"摇篮"有什么好处?

将"摇篮"挂在树梢上,猫、蛇之类的天敌难以到达,也就对鸟巢构不成什么威胁啦,妈妈可以在巢里安心地抚育宝宝。

黄莺

知识小链接

黄莺的卵是粉红色的,上面有紫红色斑点。它是个好妈妈,鸟宝宝离巢后的一两天它还会亲自喂食。

超级"精装修"的房子——喜鹊

你知道吗？喜鹊被人们认为是"吉祥的鸟儿"，如果哪天它在枝头对着你叫，就说明你要交好运啦！

喜鹊长什么样？

喜鹊的肚子是白色的，头、背、尾都是黑色的，并且还分别透着紫、蓝、绿。

喜鹊喜欢在哪儿筑巢？

喜鹊喜欢在田野间捕食青蛙、昆虫等，也会偷食成熟的果子。它很喜欢人类，经常把家安在我们住宅附近的杨树、松树、榆树等大树上，甚至是安在电线杆上。

喜鹊

知识小链接

喜鹊的巢远远看去就是一堆枯树枝，横七竖八的，但其实它的结构非常牢固，而且里面还非常精致，分好几层呢！

喜鹊是怎么筑巢的？

喜鹊先衔来较粗的树枝，在三角树杈上搭建一个框架，这个框架看上去粗糙，但其实排列精细，很难打散。里面一层用细柳枝编一个半球形柳筐。再里面一层是一个"泥碗"，是喜鹊一点一点衔来河泥，用小爪子抹在柳筐上形成的。最里面一层是羽毛、棉絮做的，超级柔软。

喜鹊的巢有顶吗？

喜鹊的屋顶很厚，有30厘米，雨水根本淋不进来，而且屋子里面还有横梁，用以支撑整个巢体。整个工程耗时4个月，堪称完美。

喜鹊巢的入口在哪儿？

喜鹊巢的入口不在上面，而是在旁边，这样出入比较方便。

喜鹊

知识小链接

喜鹊的尾巴很长，非常美丽，它会发出"喳喳"的叫声，十分悦耳，让人听了心情愉悦。

树上最大的鸟窝——白头海雕

你知道吗？

白头海雕看起来非常威武雄壮，1782 年美国国会选定它为美国国鸟。

白头海雕的巢大吗？

白头海雕的巢是所有鸟巢中最大的了，它的直径可以达到 2.8 米，厚度可以达到 6 米，重量可以达到 1000 千克，跟两辆小汽车一样重。

那么大的巢是用什么做成的呢？

白头海雕是一种猛禽，嘴巴和爪子都很锋利，加上力气又大，所以除了一些平常的树枝、树皮、树叶以外，它甚至能用手臂一样粗的树枝来筑巢。

白头海雕

知识小链接

成年的白头海雕看起来并没有未成年的体形大，那是因为未成年的白头海雕翅膀上和尾巴上的羽毛会比较丰满。

那么大的巢是安在什么地方的呢？

白头海雕喜欢吃鱼，所以为了方便，它总是将巨大的巢安在河流边、湖泊边或沿海的大树上。

白头海雕的巢为什么那么大？

白头海雕喜欢使用原来的旧巢来繁育后代，所以每年修修补补、添枝加叶，它的巢就变得越来越大啦！

白头海雕会产几个卵？

尽管白头海雕的巢大得离谱，但其实它每年生的蛋不会超过3个，通常为2个。一开始爸爸妈妈还会将肉撕成碎片喂给宝宝，随着宝宝长大，它们就直接将猎物扔进巢里任它啄食了。

白头
海雕

知识小链接

白头海雕最喜欢做的事情就是梳理自己的羽毛，它全身有7000多根羽毛，梳理一次要花很长时间。

有顶有门的鸟巢——灶巢鸟

你知道吗?

灶巢鸟是一种十分善于筑巢的鸟类,西班牙语称它为"面包师",有迁徙的习惯。

灶巢鸟长什么样?

灶巢鸟身体长 20 厘米左右,背上的羽毛黄褐色,头顶浅橙色,胸部的羽毛有条纹状斑点。

灶巢鸟喜欢用什么材料来筑巢?

灶巢鸟喜欢用泥巴、陶土、干草、稻草等筑巢,而且工艺十分讲究,是鸟类中的佼佼者。

知识小链接

灶巢鸟的鸟宝宝 18 天就会长出羽毛,20 天就会孵出来,可能也是由于巢穴很保温的原因吧。

灶巢鸟

灶巢鸟是怎么筑巢的?

灶巢鸟衔来泥土与干草等,将它们混合在一起做成"混凝土",先打一个圆形的"地基",然后开始一层一层用泥土垒起来加固,巢的两边和顶同时进行,而且里面会修一个穹顶,直到大半个巢体完成的时候,会在靠近地面的部分留一个洞,并且造一堵隔离墙,看起来就像是海螺的口。

这样的结构有什么好处?

这个"海螺的口"只有巢的主人才进得去,鸟宝宝在里面十分隐蔽安全。

灶巢鸟喜欢在哪儿活动?

灶巢鸟喜欢栖息在树上,喜欢在树下的空地上活动和觅食。

灶巢鸟

知识小链接

灶巢鸟的叫声十分特别,听起来像"teacher"。

到处安家的鸟——冬鹪鹩

你知道吗?

冬鹪鹩是真正的"一夫多妻"的鸟,当别人家"夫妇二人"齐心协力共同哺育后代的时候,冬鹪鹩雄鸟总是忙忙碌碌跳来跳去,因为它同时跟好几只雌鸟"结婚",同时筑好几个巢,同时养好几窝小崽子,可不忙疯了吗?

冬鹪鹩的巢安在哪儿?

"家事"繁忙的冬鹪鹩也没工夫挑地方了,它把巢安在树枝上、灌木丛里、草地上、岩石边,甚至是人类的茅草屋顶上,甭管在哪儿,只要自己记得就行。

冬鹪鹩长什么样?

冬鹪鹩的羽毛多数是褐色或灰色的,上面有斑斑点点的花纹。它最大的特点就是尾巴向上翘着,十分可爱。

冬鹪鹩

知识小链接

冬鹪鹩是一种很活泼的鸟,经常可以看到它在篱笆间跳动的身影。

冬鹪鹩怎么筑巢?

冬鹪鹩会先收集好多苔藓、树枝、树叶、羽毛等东西,将树枝搭成碗的形状,在外面贴上苔藓,中间夹杂着树叶等,最后在里面铺一层柔软的羽毛。完成以后它就要请众多雌鸟来"参观"了,然后尽全力将"妻子"留下,能留下几个就留下几个。

这种巢有什么好处?

从外面看起来,冬鹪鹩的巢就是一堆没用的苔藓,因此常常骗过天敌的眼睛,非常安全。

冬鹪鹩喜欢在哪儿活动?

冬鹪鹩喜欢生活在针叶林、沼泽、灌木丛或者石头较多的荒原上,一旦有人靠近就赶紧隐藏起来。

冬鹪鹩

知识小链接

冬鹪鹩喜欢吃各种各样的农业害虫,主要以昆虫和蜘蛛为食,是一种益鸟。

带拐弯的巢穴——啄木鸟

你知道吗？

啄木鸟的嘴巴天生就会在树干上快速地啄洞，它是在找虫子吃呢！这样既填饱了肚子，又帮助树木清除了病虫害。

啄木鸟喜欢吃哪些虫子？

白蚁、蝗虫、蚂蚁、臭椿象、天牛和金龟子的幼虫等，凡是危害树木的害虫都是它爱吃的食物。

啄木鸟是个好"医生"吗？

啄木鸟非常尽责，它会把一棵树上的害虫全部清理干净了才换另一棵树。要是哪棵树虫害严重，啄木鸟就会连续在上面工作好几个星期，直到"治好"它为止。

知识小链接

啄木鸟不是候鸟，它不会像大雁一样迁徙，再冷都生活在自己的窝里。

啄木鸟

啄木鸟的窝搭在哪儿？

啄木鸟天生有个强劲的嘴巴，它喜欢自己动嘴，在树上掏一个树洞安家。

啄木鸟是怎么搭窝的？

啄木鸟选好理想的树干以后，用爪子抓住树干，啄出一个大小只能让自己身体通过的洞，之后它会把这个洞凿深一点，在到达一定深度以后会改变挖掘方向，拐个90°的弯继续向下，形成"7"字形，然后在洞底铺上软和的羽毛、茅草当作垫子。

这种"7"字形的窝有什么好处？

有那个"7"字形的拐角做屏障，宝宝在里面会很安全。

啄木鸟

知识小链接

啄木鸟可以用爪子抓住树干，垂直停留在树干上，这样方便它给树木"看病"。

封起门来的鸟巢——犀鸟

你知道吗？

犀鸟是鸟类中的长寿者，最老的犀鸟可以活到 50 岁呢！

犀鸟的名字是怎么来的？

犀鸟的头上有个头盔一样的突起，看起来像犀牛的角，所以叫"犀鸟"。它的眼睛上长着又长又粗的睫毛，这在鸟类中也是少有的。

犀鸟的头盔很重吗？

犀鸟和巨嘴鸟一样，巨大的嘴巴看起来笨重，其实是中空的，里面充满了空气，头上戴的"头盔"也是这样，所以别看它一副笨重的样子，其实它动作非常灵活。

犀鸟

知识小链接

犀鸟不仅十分"恩爱"，还是一对合格的父母呢！

犀鸟的窝搭在哪儿?

犀鸟的嘴虽然巨大,但不能像啄木鸟那样啄树凿洞,它比较"偷懒",喜欢捡啄木鸟废弃的巢,重新修一下就能使用了。

这种巢用起来怎么样?

犀鸟天生谨慎,"7"字形的巢穴也不会给它们带来多少安全感,于是雌鸟一产完卵,它们就开始"封门"。雄鸟衔回来泥土,雌鸟吐出黏液和些泥巴,把门堵得死死的,只留一个小洞够雄鸟把嘴尖伸进去。等到鸟宝宝孵出来以后才会重新"开门"。

门封起来有什么好处?

雄鸟外出为雌鸟找食物的时候,再也不用担心天敌来攻击宝宝和妈妈了。

犀鸟

知识小链接

犀鸟爸爸十分尽责,妈妈孵蛋期间都是它负责找食物,宝宝孵出来以后它还会帮妈妈带孩子。

在沙岩上钻穴的鸟类——崖沙燕

你知道吗？

崖沙燕和家燕一样飞行能力很强，常贴着水面飞行，有时还会和家燕飞在一起呢！它们和家燕一样喜欢吃虫子。

崖沙燕长得和家燕有区别吗？

崖沙燕的毛色没有家燕那么深，通常是浅灰色的，尾巴的叉状不十分明显，没有像家燕那样十足像一把剪刀。

崖沙燕是群居鸟类吗？

崖沙燕经常三五十只在一起觅食、活动，筑巢的时候也喜欢把家安在一起，有的冬天还会一起迁徙到南方，是一种群居型的鸟类。

知识小链接

崖沙燕的分布范围很广且数量繁多，被认定为无生存危机的物种。

崖沙燕

崖沙燕喜欢在哪儿筑巢？

崖沙燕喜欢生活在湖泊、江河的泥质沙滩上，或者是附近的土崖上，它们喜欢在山地岩石的陡壁上筑巢。

崖沙燕喜欢用什么筑巢？

崖沙燕不会像其他鸟一样衔来树枝枯叶筑巢，而是在沙质悬崖上挖出一个洞作为巢穴。它们的巢穴排列得很整齐，每个相隔大概10厘米。

崖沙燕的巢是什么样的？

崖沙燕的洞不是向下挖的，而是水平挖在岩壁上，里面会有一些弯曲，像一个管道，洞口是圆的或者椭圆的，直径平均六七厘米。

崖沙燕

知识小链接

崖沙燕的洞穴不是里外一样宽敞，而是入口窄，里面扩大成巢室，方便宝宝在里面孵化生长。

ANIMAL ENCYCLOPEDIA

倾听动物语言

翻开本书，你便会进入一个栩栩如生的动物世界，和形形色色的动物成为好朋友，在不知不觉中悄然成为动物科普小专家。

会"学舌"的鸟——鹦鹉

你知道吗？

鹦鹉由于羽毛颜色艳丽，又很聪明会学人说话，所以很多人饲养它们来当宠物。有的动物学家认为鹦鹉不仅会"学舌"，而且它们的语言能力和六岁的小朋友相当。

为什么鹦鹉能"学舌"？

奥秘就在于它的舌头。鹦鹉的舌根发达，舌尖细软且灵活，此外，它们的鸣肌也非常发达，正因为它们具备了这些特点，才可以发出清晰、准确的声调。

鹦鹉的语言能力有多强？

鹦鹉说话不仅会机械地重复，而且它们似乎可以理解一些简单词汇的含义，也就是具备某种处理复杂语言的能力。

知识小链接

虽然鹦鹉有出色的语言能力，但并不是所有的鹦鹉都会说话，必须经过专门的训练才可以。

鹦鹉

如何训练鹦鹉说话？

想要训练鹦鹉说话必须保持足够的耐心与信心；要教一些简单的词汇，不要选择复杂的；一定要反复地重复这些内容。另外，鹦鹉也有个体差异，所以也要做好失败的心理准备呀！

什么品种的鹦鹉最容易训练说话？

灰鹦鹉、金刚鹦鹉、葵花鹦鹉等都比较容易经过训练后说话。

鹦鹉要会说话必须剪舌头，这是真的吗？

鹦鹉的发声器官主要是胸部的鸣管和鸣肌，而不是舌头，剪舌头会导致鹦鹉大量出血，而且在没有专业工具的情况下根本无法给鸟止血，所以鹦鹉学说话要剪舌头是民间留下的错误驯鸟方式！

知识小链接

鹦鹉聪明伶俐，善于学习，不光会学说话，经训练后还可以表演许多有趣的节目，是马戏团、公园和动物园中的鸟类"表演艺术家"，深受大家的喜爱。

鹦鹉

喜欢笑的鸟——笑鸟

你知道吗？

澳大利亚有一种奇特的鸟，它的大小和乌鸦差不多，声音可比乌鸦好听多啦，既爽朗又欢快。而且每当它吃食的时候，会发出"咯咯"的笑声，所以被叫作"笑鸟"。

笑鸟鸣叫的时候是什么样的？

笑鸟笑时嘴巴朝天，尾巴上下摆动，笑得合不上嘴，样子很滑稽。而且人们发现笑鸟喜欢蹲着走路，也许是它笑得直不起腰的缘故。

笑鸟的笑声是什么样的？

笑鸟的笑声先是轻微的，逐渐变得洪亮，一只鸟叫，其他鸟也跟着应和，于是一呼百应，笑声不断，非常有趣。

知识小链接

笑鸟爱吃蛇、蜥蜴和田鼠等动物。笑鸟是捕蛇能手，因为它们的嘴带钩且锋利。它吃蛇的办法很特别，会先将蛇衔到树顶，再将蛇摔下去，就这样，接二连三地摔几次，直到把可怜的蛇摔死后再慢慢享用。

笑鸟

笑鸟喜欢把蛋下在哪里？

笑鸟下的蛋呈白色，它们喜欢把蛋产在白蚁洞里，这样一来，幼鸟出壳后能就地用餐。

为什么说笑鸟恪守"夫妻平等"原则？

在繁殖季节，雄笑鸟和雌笑鸟共同孵卵"坐月子"，照料笑鸟宝宝，所以说笑鸟夫妻之间真是很平等。

如何区分雄笑鸟和雌笑鸟？

雄、雌笑鸟，长得很像。然而仔细观察就会发现两处明显不同：第一，雄鸟尾部长有一个鲜蓝的"美人斑"，而雌鸟却长有一个棕色的"美人斑"；第二，雄鸟眼睛上部长有一个白色的斑点，而雌鸟却是浅黄色的。

知识小链接

笑鸟受到威胁的时候，它的笑声就可以用来保护自己啦，敌人听到这奇怪的笑声会被吓跑。另外，笑鸟是澳大利亚的国鸟。

笑鸟

鸟中的歌唱家——夜莺

你知道吗?

夜莺虽然没有绚丽的羽毛,但它的鸣唱非常出色,音域极广,连我们人类的歌唱家都羡慕不已。

夜莺唱歌有什么特点?

夜莺的鸣叫声高亢明亮、婉转动听。与其他的鸟类不同,尽管夜莺在白天也鸣叫,但它们主要还是在夜间歌唱,所以得名"夜莺"。

所有的夜莺都会唱歌吗?

不是的,只有雄性夜莺为了"追求"雌性才会唱歌,雌性夜莺是不唱歌的。

传说中世纪时人们认为夜莺从不睡觉。人们相信,为了防备它们的天敌——蛇,夜莺在晚上将胸脯抵在刺上保持清醒警戒,因为疼痛这些鸟儿发出了痛苦的鸣叫。

夜莺

传说夜莺会"偷食羊奶",是真的吗?

其实夜莺并不偷吃羊奶,相反它们能给人类造福。它们捕食大量的蚊虫、金龟子,是为人类除害的朋友。

夜莺在城市里叫得更响亮吗?

近来科学家发现,夜莺在城市里或近城区的叫声要更加响亮,这是为了盖过市区的噪音。

夜莺生活在哪里?

夜莺栖于河谷、河漫滩稀疏的落叶林和混交林、灌木丛或园圃间,是一种迁徙的食虫鸟类,生活在欧洲和亚洲的森林。它们在低树丛里筑巢,冬天迁徙到非洲南部。

知识小链接

夜莺在希腊神话里有个美丽的传说。底比斯国王泽托斯和他的妻子埃冬生了一个可爱的女儿,可埃冬不幸失手杀死了女儿,从此她陷入无尽的悲哀和自责中。其他的神出于怜悯就把她变成了夜莺,从此夜莺每个晚上都要悲鸣,以表达对女儿的哀思。

夜莺

动物界的"大嗓门"——吼猴

你知道吗?

美洲丛林中有一种有趣的猿猴,它的叫声非常响亮,站在 1.5 千米之外都能听见,是陆地上叫声最响亮的动物,它的名字叫"吼猴"。

吼猴为什么能发出这么巨大的叫声呢?

这是因为,吼猴的舌骨很大,且不和其他骨骼相互连接,这个较大的舌骨就起到了声囊的作用,形成共振并发出响亮的声音。

吼猴在什么时候会吼叫?

关于这点,有不同的说法:一种说法认为它在激动的时候才吼叫;另一种认为是每到夜晚,它们就会开这种震耳欲聋的"音乐会"。

吼猴

知识小链接

吼猴在所有猴子中可算是最懒的了。它们整晚睡觉,每天大概有 8 ~ 10 小时都在睡觉,剩余时间里就寻找食物、吃东西。

吼猴为什么要吼叫呢？

它们用吼声来联系伙伴、交流位置信息或当有异族进入自己的领地时用来恐吓敌人等。

吼猴生活在什么地方？

吼猴生活在美洲。雨林、沼泽森林、多雾的森林和高山上，都是它们的栖息地。

吼猴是群居动物吗？

吼猴通常会结成 15 ～ 20 只的族群。族群中会有几只成年雄猴、一些成年雌猴和不同年龄的幼猴。族群的首领通常是最大的雄吼猴，它享有挑选食物和妻子的优先权。幼猴成年以后会离开族群，加入别的族群或组建自己的族群。

吼猴

知识小链接

吼猴其实是全素食的动物，各种各样的树叶、果实、坚果和种子它都爱吃。

人类的好朋友——海豚

你知道吗？

海豚聪明、可爱，是人类的好朋友，但海豚的叫声我们人类通常是听不到的。

为什么人类无法听到海豚的叫声？

海豚使用频率在 200 ～ 350 千赫以上的超声波声进行"回音定位"，而人类的听觉范围介于 0.02 ～ 20 千赫之间，所以，海豚的叫声一般是不被人听见的。我们能听见的海豚叫声，可能是海豚同类间互通消息所使用的部分低频声音。

海豚的这套"回声定位系统"叫作什么？

这套回声定位系统叫"声呐"。海豚就是用这套系统来侦测猎物，并进行准确定位的。

海豚

知识小链接

与海豚一样神奇的还有蝙蝠，即使是在漆黑的夜里，蝙蝠也能靠自己发出的超声波准确地定位猎物的位置。科学家们根据海豚和蝙蝠的特殊"声纳"系统，发明了雷达。

海豚的声呐系统是如何工作的？

海豚有一只埋于皮下的隐形鼻孔，声波就是靠这个鼻孔震动产生的。发声时，声波通过头部的额隆聚焦会放大，遇到障碍物会反弹回来，被海豚收听到。它可以根据回声的强弱判断物体的远近和大小，所以即使在黑暗的环境中，它也能捕猎。

海豚是如何判断自己潜水深度的？

海豚会在水中向上发射声波，当到达海面时部分声波反射回来，它就能根据回波的信号知道自己离海面有多远了。

海豚的声呐还有什么作用？

科学家发现海豚的声呐系统可以通过调频实现不同功能，不仅可以定位、通信，还可以报警。

知识小链接

惊涛骇浪的海洋环境非常嘈杂，但海豚发出的声呐信号强度要比周围的杂音高出 1000 多倍，而且频率高，因此海豚可以轻而易举地从声波中检测出所需要的信号。

海洋中的歌唱家——座头鲸

你知道吗？

雄性座头鲸每年约有 6 个月时间整天都在唱歌，更奇妙的是它至少能够发出 7 个八度音阶的音，而且不是胡乱地唱歌，是按照一定的节拍、音阶长度来歌唱的，所以称其为海洋中的歌唱家一点都不为过。

座头鲸喜欢在什么时候唱歌？

在繁殖期，座头鲸唱歌最为频繁。然而研究人员发现，鲸在潜水和觅食的时候叫声最复杂。

座头鲸们还会合唱？

法国生物学家曾在百慕大群岛，记录过上百头座头鲸们的"大合唱"，鲸群发出上千种声音，歌声时而悠扬，时而尖利，时而高亢，时而低沉，抑扬顿挫，婉转雄浑。

知识小链接

著名的乐队歌手朱迪·科林斯举办过一次极为成功的演唱会，而他的合作搭档就是一只座头鲸！他录制的唱片《雨水之声》也融入了一些动物的声音，曾在排行榜上长期居高不下。

座头鲸为什么要唱歌?

座头鲸歌手通常都是雄性,这些歌可能是雄座头鲸对心仪雌性座头鲸的告白。歌的种类则在求偶季节中不断发展,并且一个族群通常唱的都是同一首歌。

座头鲸唱歌有什么特点?

座头鲸常发出悠长而且复杂的叫声,其振幅和频率重复的模式会在几小时甚至几天中保持一致。另一个有趣的事实是,每只座头鲸所独有的叫声会在数年的时间中持续进化。相邻的两年略有变化,过了十多年有较大差别。也就是说,过些时间就换新歌。

座头鲸的歌还有什么作用?

生物学家经过研究发现,座头鲸的歌声不仅有层次而且还传递了大量信息。

座头鲸

知识小链接

有些人误以为座头鲸是最大的哺乳动物,其实是不正确的,最大的哺乳动物是蓝鲸,其长可达 33 米,重达 200 吨,而座头鲸一般长 13 ~ 15 米。

自然界的效鸣专家——嘲鸫

你知道吗?

一些鸟类除了有自己特定的鸣叫声外,还喜欢学其他鸟的鸣叫声,这种现象被称作"效鸣"。在西半球,有一种鸟儿叫嘲鸫(cháo dōng),它长得并不起眼,有着小小的嘴巴和灰褐色的羽毛,但它的音乐天赋弥补了外貌上的不足,它善于把其他鸟的鸣叫声加到自己的鸣叫声中,并能达到以假乱真的地步。

嘲鸫只能模仿其他鸟的鸣叫吗?

还会模仿人的声音,甚至是机器的声音。

嘲鸫为什么要唱歌?

嘲鸫歌唱是为了标明自己的领地。它们精力充沛,除保护自己外,甚至还会飞到远处袭击狗和人类。

知识小链接

嘲鸫吃的东西很杂,它们吃虫子,如蟋蟀、蜈蚣、毛虫等,也吃各种水果,甚至还吃腐肉。

嘲鸫

嘲鸫只会唱歌吗？

嘲鸫是美洲最常见的鸟，这种小鸟还真是多才多艺的。它们不光会唱歌，而且会跳舞。每当繁殖期到来，雌鸟站在枝头，然后振动翅膀，向上飞起一点点，同时发出响亮的叫声，这个时候，雄嘲鸫为了博得雌鸟芳心，时不时也会向前疾飞一阵子，然后突然在空中立起身子，跳出各种令人眼花缭乱的舞。

嘲鸫栖息在什么地方？

嘲鸫主要的栖息地是灌木丛和森林下层丛林中，还有不少种类栖息在近沙漠的干旱地带。

嘲鸫的巢是什么样子的？

多数情况下，嘲鸫的巢或位于地面，或在离地面 2 米以内的植被上，有时也会筑于 15 米甚至更高的树上。

嘲鸫

知识小链接

灰嘲鸫的配偶在培育宝宝失败后可能会分开或者离开自己的领域。这种现象被认为是面对天敌而采取的一种适应行为，因为大部分培育宝宝失败的原因是遭到了天敌的袭击，选择离开可以去别处寻找到更安全的地方。

不祥之鸟——乌鸦

你知道吗？

乌鸦因为全身或大部分羽毛为乌黑色，所以得名。乌鸦多在树上筑巢。这们常成群结队，一边飞一边鸣叫，但是声音嘶哑，使人感到又凄凉又厌烦。

乌鸦笨吗？

大家都听过那个故事，乌鸦听了狐狸的赞美而开口唱歌，丢了自己的肉，它真有这么笨吗？其实乌鸦的智商还是挺高的，它生性凶悍，常常偷袭水边的禽类，甚至偷食人家巢里的鸟蛋和幼鸟。它在求偶时会像玩杂耍一样地飞行，以博得雌性的好感。乌鸦还是终身一夫一妻制，对自己的另一半十分忠诚。

乌鸦爱吃什么？

乌鸦是杂食性动物，喜食腐肉，但在繁殖期间，主要取食蝗虫、蝼蛄、金龟甲以及蛾类幼虫。

乌鸦因为喜欢腐食和啄食农业垃圾，能消除动物尸体等对环境的污染，所以它们对净化环境是有帮助的。

乌鸦

乌鸦聪明吗？

有科学家研究发现，世界上最聪明的鸟可能并不是可以学舌的鹦鹉，而是似乎不那么讨人喜欢的乌鸦，特别让人惊讶的是，乌鸦竟然有使用甚至制造工具的能力。

为什么乌鸦不吉祥？

相传春秋时期公冶长能听懂鸟语，有一天他在听了乌鸦的叫声以后，找到一只大绵羊美餐了一顿。可不久他就因为失主告发而入狱了，公冶长辩解自己能听懂鸟语，也没有人相信，因此人们认为那只乌鸦为他招来了灾祸，从此乌鸦就成了不祥之鸟。

乌鸦在别的国家也不吉祥吗？

虽然乌鸦在中国的形象不太好，但却被英国王室视为宝贝。此外，在日本文化中，乌鸦是超度亡灵的使者。

乌鸦

知识小链接

乌鸦在中医里还有很好的药用价值，可以治疗小儿癫痫、头风眩晕、肺痨咳嗽等。

司晨家禽——鸡

你知道吗？

家鸡源自野生的原鸡，其驯化历史至少约 4000 年。

公鸡为什么爱打鸣？

研究人员告诉我们，那是一种"主权宣告"，一方面提醒家庭成员它至高无上的地位，另一方面警告邻近的公鸡不要打它家眷的主意。

公鸡什么时候打鸣？

你以为公鸡只在早晨打鸣吗？实际上，公鸡什么时候都打鸣，只不过早上那第一声鸡叫划破了黎明的宁静，让人印象更深刻，而白天环境嘈杂，人们就不太会留意到公鸡打鸣了。

鸡的大脑里有一个小小的区域叫作松果体，在黑夜会分泌一种褪黑素，当晨光乍现时，褪黑素的分泌会受到抑制，性激素的分泌开始"觉醒"，雄鸡便不由自主地"司晨"了。

知识小链接

我们知道除了鸡肉可以食用外，鸡毛也很有用处，露在体外的称外羽，贴皮遮没部分称绒羽，可以制作枕芯、被垫、背心、军用睡袋等，大羽毛还可制羽毛扇、羽毛球等。

母鸡也会司晨吗?

公鸡下蛋不可能,可是母鸡打鸣却并非罕见。这是由于母鸡体内右侧的卵巢是处于未分化的状态的,如果左侧的正常卵巢发生病变,它就会发育成睾丸,并且产生雄激素,母鸡就开始打鸣了。

母鸡下蛋后为什么会"咯咯"叫?

母鸡生蛋后精神兴奋,会"咯咯"地叫个不停,而且它的叫声还能引诱公鸡前来交配,隔日生的鸡蛋就能孵出小鸡来了。

鸡

知识小链接

鸡肉味道鲜美且有营养。鸡肉含有丰富的蛋白质和脂肪,对虚劳瘦弱者有益处。

能用语言交流的啮齿动物——草原犬鼠

你知道吗?

草原犬鼠是社会性动物,且天敌众多,所以草原犬鼠承受着巨大的生存压力,在与食肉动物的较量中,它们进化出了自己的生存本领,其中之一就是"吠叫报警"。

草原犬鼠是怎样报警的呢?

草原犬鼠的语言很复杂,它们的报警声里有很多的信息,能够描述目标的详细情况,比如大小、外形、颜色、方向甚至还包括速度。它们也能够辨别来犯的动物是土狼还是狗,甚至还可以描述不同种类的鸟。

草原犬鼠可以用方言交流吗?

草原犬鼠可以说不同地方的方言,更神奇的是彼此之间能够用带有家乡口音的方言沟通。

草原犬鼠

知识小链接

草原犬鼠看到郊狼来袭,会跑到洞口并站起来观察掠夺者动向。如果对手是獾,它就会跑进洞穴躲起来以免被看到。

草原犬鼠的家庭关系是什么样的？

草原犬鼠组成的家庭通常包括 1～2 只公鼠、1～6 只母鼠以及许多小鼠，每个家庭组织都占有一片领地，它们的睡眠、觅食、交配等活动几乎都在自己的领地内进行。

草原犬鼠的天敌有哪些？

草原犬鼠的天敌包括各种鹰类、狐狸、蛇、黑足雪貂等。尤其是黑足雪貂，几乎全靠捕食草原犬鼠为生，而且还会占领草原犬鼠的洞穴作为自己的家。

草原犬鼠有什么本领？

草原犬鼠还是出色的"建筑师"，它们不需要任何工具就能建造庞大的地下隧道。它们的洞穴不仅有卧室、育婴室、储藏室，挖出来的土还可以建造一个有用的土墩，不仅可以防水，还是一个很好的瞭望台，方便它们及时发现危险。

知识小链接

草原犬鼠主要吃草，并透过食物来吸收水分，有时也会吃昆虫。

草原犬鼠

可爱的国宝——大熊猫

你知道吗？

全世界的大熊猫总数不到 1600 只，而且数量还在减少，只有在我国的四川、陕西、甘肃部分地区的深山老林中才能找到它们的身影。另外，大熊猫长得十分惹人喜爱，所以是我国名副其实的"国宝"。

熊猫会"说话"吗？

熊猫有 13 种不同的叫声，这些不同的叫声反映了熊猫的喜怒哀乐。熊猫宝宝一出生就会"说话"，成长以后经过学习，会说更多的话来表达自己的情绪。

熊猫宝宝发出的"吱吱"和"咕咕"声分别代表什么意思？

一般情况下"吱吱"表示：我饿了，我要吃东西。而"咕咕"则表示：我现在心情很好。

知识小链接

大熊猫是我国的一级保护动物，它们最早是食肉动物，经过进化，现在基本只吃竹子，但是它们的牙齿和消化道还是保持原样，所以被划分为食肉目。

大熊猫

熊猫妈妈如果发出"咩咩"声是想要说什么?

熊猫妈妈的"咩咩"声,可能是在寻找她的宝宝。

熊猫愤怒的时候会发出什么声音?

当大熊猫发出"汪汪"的吠叫声时,千万不要靠近它们,因为那表示它们很愤怒,想要打架或是威胁对方不要进入自己的领地。

大熊猫的求爱语言是什么样的?

在春天,大熊猫还会用自己独特的语言来"谈恋爱"。雄性熊猫会发出咩叫声,那可是在用甜言蜜语向自己的心上人求爱。雌性猫熊会发出"唧唧""喳喳"的类似鸟鸣的声音,羞羞答答地回应雄性。

大熊猫

知识小链接

大熊猫每天一半的时间用来进食,剩下的时间多数就是在睡梦中度过。它们只吃竹子,而竹子又不能提供足够的养分,为了保存能量,大熊猫只好多睡觉,少运动啦!

夜鸣虫——蟋蟀

你知道吗?

在炎炎的夏季,有一种昆虫鸣叫得特别欢快,有的叫声是"唧唧唧",有的叫声是"嘟嘟嘟",还有的像"矍矍矍",它就是蟋蟀,也就是我们常说的蛐蛐儿。

蟋蟀是如何发出叫声的?

蟋蟀是利用翅膀发声的,在蟋蟀右边的翅膀上,有一个像锉样的短刺,左边的翅膀上,长有像刀一样的硬棘。左右两翅一张一合,相互摩擦,振动翅膀就可以发出悦耳的声响。

蟋蟀在什么季节鸣叫?

蟋蟀一般在夏季的 8 月开始鸣叫,10 月下旬气候转冷时停止。而且由于蟋蟀喜欢在夜晚鸣叫,所以又被称作"夜鸣虫"。

蟋蟀

知识小链接

蟋蟀的叫声与它的外形是有一定关系的。个头大的蟋蟀叫声缓慢,有时几个小时就叫两三声。小蟋蟀叫声频率快,叫得也勤。不同颜色的蟋蟀叫声也有细微的差别,要很用心才能分辨出来。

蟋蟀求爱的时候是怎么鸣叫的?

蟋蟀要是"矍矍矍"单调地叫着,那是孤独的雄蟋蟀在寻觅异性。还有一种"叮——矍,叮——矍"轻声曼妙地唱和着,这是蟋蟀在"弹琴",说明窝里除了一只雄蟋蟀外,至少还有一只以上的雌蟋蟀在和它谈情说爱呢。

所有的蟋蟀都会鸣叫吗?

不是的,只有雄性蟋蟀才鸣叫,雌性蟋蟀是不叫的。

蟋蟀在什么情况下鸣叫呢?

蟋蟀在四种情况下发出叫声:其一,求偶,这是最多的叫声;其二,战胜对手后的叫声,此时的叫声最为雄壮有力;其三,战斗前的叫声,有一部分蟋蟀在见到敌手后,会先发出叫声起威慑作用,以期吓退敌手;其四,交配前的情话。

知识小链接

雌蟋蟀因为翅膀比较厚而且没有发声的构造,所以不能发音。

蟋蟀

会"跳舞"的昆虫——蜜蜂

你知道吗？

别看蜜蜂身体小，它能飞出七八千米远去采花酿蜜。它怎么会知道哪里有花粉呢？是不是通过"嗡嗡"的声音来传递信息的？其实蜜蜂是没有听觉器官的，根本不会听到任何声音。它们是通过动作来通风报信的，昆虫学家把这些有含义的动作叫作蜂舞。

蜜蜂在蜂巢上转圆圈的动作代表什么意思？

这是蜜蜂在告诉同伴蜜源离这里很近，这样的舞蹈连续跳几分钟后，它会到蜂巢的其他部分旋转，最后从出口飞出去，其他蜜蜂会跟随而去，到它述说的地点去采蜜。

摇摆舞是想传递什么信息？

蜜蜂先转半个小圈，急转回身又从原地一点向另一个方向转半个小圈，舞步为"∞"字形旋转，同时不断摇动腰部，左摇右摆，非常有趣。这种动作表示蜜源不在近处。

蜜蜂

知识小链接

蜜蜂传递的距离信息非常准确，误差极小，它们的舞蹈语言并不亚于人类的语言信息。

当路程确定以后，蜜蜂应向哪个方向飞行呢？

蜜蜂的方向定位能力非常强，它们利用太阳的位置来确定方向。如果跳摇摆舞时，蜜蜂头朝上，是说："朝太阳的方向飞去，能找到花粉。"反之，则是报告："在背向太阳的地方可以找到食物。"

蜜蜂的"蜂舞"是怎么传递信息的呢？

在蜂巢里的工蜂得知了侦察蜂带来的好消息，便按所指引的方向飞去，这样一传十，十传百，越来越多的蜜蜂都奔向蜜源，进行大量的采集工作。

蜂舞还能表达什么意思？

当两群蜜蜂要分居时，老蜂王会派出侦察蜂分头去寻找合适的新居，它们回来时会用舞蹈来报告新地点的方位，甚至还可以描述那里是否理想。如果新居十分理想，它可以一连跳上几个小时，十分兴奋。

蜜蜂

知识小链接

掌握了蜜蜂舞蹈语言后，科学家们便设想利用人造电子蜂来指挥蜜蜂的活动，使蜂群按人的意愿进行搬家，来帮助农作物传粉，提高农作物的产量。

使用"信息素"交流的昆虫——蚂蚁

你知道吗？

蚂蚁通过身体发出的信息素来进行交流沟通。当蚂蚁找到食物时，会在上面撒信息素，别的蚂蚁触角上的感受器能识别信号，它们会本能地把有信息素的东西拖回洞里去。

蚂蚁是怎么识路的呢？

蚂蚁有时会在爬过的地方留下气味来帮助自己辨识走过的路，但也有蚂蚁不留气味，而是记住沿途的天然气味，然后找到回家的路。

蚂蚁是如何传递信息的？

蚂蚁没有发音器官，不会发声，它们找到食物以后会从自己的腹部末端分泌出信息素，来告诉其他的蚂蚁行走路线。

蚂蚁

知识小链接

蚂蚁死掉后，它身上的信息素依然存在，当有别的蚂蚁路过时，会被信息素吸引，然后将它带有信息素的尸体当成食物搬运回去。

蚂蚁是如何区分"自己人"和"陌生人"的?

两只蚂蚁在路上相遇,它们头上的触角相互接触几下,似乎在友好地说"你好"。有时两只蚂蚁在路上相遇,它们的触角也相互接触几下,结果双方开战!原来蚂蚁用身上的气味来确定对方是不是自己族群的人。

如果你干扰了蚂蚁的"信息素",它们还能继续排队爬行吗?

如果你用手指划过蚂蚁的行进队伍,干扰了蚂蚁的信息素,蚂蚁就会失去方向感,到处乱爬。

蚂蚁怎么知道食物都被搬回窝了呢?

由于蚂蚁分泌的信息素的气味挥发性大,几分钟过后,食物都运回了巢,气味也就消失不见了,这样,就免得再有蚂蚁前来扑个空。

蚂蚁

知识小链接

科学家的研究证明,蚂蚁缺少糖分,当蚂蚁一旦发现甜的东西,触角就会自主地硬起来,这是蚂蚁的一个天性。

"百鸟之王"——孔雀

你知道吗?

孔雀是一种非常美丽的动物,特别是孔雀身上的羽毛,五彩斑斓。平时我们去动物园,看见孔雀开屏都会被眼前的美景所吸引,其实孔雀就是通过开屏来表达自己的意思的。

孔雀什么季节开屏最多?

孔雀开屏最频繁的季节是 3~4 月,因为这个时候是孔雀的繁殖季节,雄孔雀开屏是为了讨得雌性的喜欢。

为什么只有雄孔雀开屏?

进入春季后,雄孔雀身体里分泌的性激素刺激大脑,于是雄孔雀就会展开它五彩缤纷、颜色艳丽的尾屏,并不停地做出各种各样的优美动作,来向雌性孔雀炫耀自己的美丽,以此来吸引雌孔雀。

知识小链接

孔雀中雄性比较美丽,而雌性孔雀却其貌不扬。

孔雀

孔雀开屏还有其他的意思吗？

其实孔雀开屏不仅是为了求偶，还是一种示威和防御。孔雀在游客面前开屏，并不是与游客"比美"，而是游客的大声喧哗刺激了孔雀，引起了它们的警戒，所以它们才开屏来向游客"示威"。

孔雀有哪些种类？

主要有绿孔雀、黑孔雀、白孔雀等，最常见的是绿孔雀，这种孔雀对雌性也最有吸引力，因为它们的颜色艳丽。

绿孔雀的羽毛是什么颜色的？

绿孔雀的羽毛主要有 7 种颜色，分别为紫铜色、绿色、紫色、蓝色、黄色、红色、褐色。

孔雀

知识小链接

孔雀开屏很美丽，但是孔雀的叫声却不怎么悦耳，雄孔雀常常发出"啊——喔"的叫声，雌孔雀的叫声像驴子，在繁殖季节孔雀发出的声音则像猫一样。

有性格的"小可爱"——猫

你知道吗?

猫的脚底有脂肪质肉垫,因而行走无声,捕鼠时不会惊跑鼠,趾端生有锐利的指甲,能够缩进和伸出。猫在休息和行走时爪缩进去,只在捕鼠和攀爬时伸出来,防止指甲被磨钝。猫是通过肢体语言来表达自己的心情和欲望的,要想了解它们,就要知道不同的肢体动作代表什么意思。

猫咪的耳朵朝前竖着是什么意思?

说明它们对眼前的人非常好奇。这时候你可以慢慢伸出手,看看猫咪是否会接近。性格害羞的猫咪会小心地闻一下,大胆一点的猫咪可能会蹭一蹭你的手。

猫咪拱起脊背,毛发炸起是什么意思?

说明猫咪此刻很害怕,这个时候最好不要靠近它哦。

猫

知识小链接

如果猫咪用屁股对着你,不要觉得生气。这说明它很信任你,认为你是它的朋友。猫咪在地上打滚,说明正准备和你玩,它希望你能给它按摩腹部或者挠痒痒。

猫咪心情平静放松的时候会是什么样？

放松时猫咪会躺着或坐着，瞳孔缩成一条直线，眼睛半开或者干脆闭着。它会用前掌洗脸，洗耳朵，还会躺下来，全身往前伸展，或是全身蜷成一团。

猫咪是怎样撒娇的？

撒娇时猫咪会绕着你的脚，不断地用头来磨蹭。如果你把它抱起来，它会用头、下巴不断地磨你的脸。

猫咪准备攻击的时候是什么样？

猫咪准备攻击时双耳后压，胡须上扬，吼声出现，张牙露齿。哇哇，赶快逃吧！

猫

知识小链接

你知道为什么猫爱吃鱼和老鼠吗？那是因为猫是夜行动物，为了在夜间能看清事物，需要大量的牛磺酸，而老鼠和鱼的体内就含牛磺酸，所以猫是因为自己需要才吃。

人类的好帮手——马

你知道吗？

马是草食性动物，在 4000 年前就被人类驯服了。马在古代是农业生产、交通运输和军事等活动的主要动力。

鼻子能传递什么信息？

马是通过其肢体语言来传递信息的。马的鼻孔张开就表示它很兴奋或者很恐惧，如果它打响鼻了，就表示它不耐烦、不安或者不满了。

嘴巴透露了什么信息？

马的上嘴唇向上翻，就表示马儿此刻极度兴奋。如果它的口齿空嚼，则表示它很谦卑，愿意臣服于你。

马

知识小链接

我们可以这样跟马打招呼：从容不迫地接近它，慢慢伸出手，这时马会闻闻你的气味，如果它的耳朵随意转动、眼神安详，你就可以顺势摸摸它的脸，如果马依然没有不悦的反应，就表明它已经把你当成朋友了。

耳朵又有什么语言呢？

马的双耳一齐朝前竖立的话，表示它很警惕。如果双耳一齐朝后抿，紧贴到脖颈上，就表示它要发动攻击了。如果双耳前后左右随意转动，表示一切正常。

颈部呢？

如果马的前肢高高举起来，轮换着撞地、扒踏，表示它很着急。

尾巴呢？

马尾巴高高举起来表示它精神振奋，精力充沛。如果它尾巴夹得紧紧的就表示它很害怕。即使没有被蚊虫叮咬，它也频频甩动尾巴的话，那就表示它此刻心情很不好呢！

知识小链接

马是一种非常聪明的动物，拥有惊人的长期记忆力。如果它与驯马师相处非常融洽，分开几个月后仍然会非常想念。

人类忠实的朋友——狗

你知道吗？

狗是有感情有表情的动物，除了吠叫之外，它的眼、耳、口、尾巴的动作以及身体动作，都可以表达不同的感情和意义。

给我抓痒痒吧：

狗狗躺在地上，把肚皮翻向你，就是央求你给它抓痒痒。不过，你最好不搭理它，因为一旦你帮它抓了一次痒痒，它下次一见到你就会立刻躺下。

我知道错了：

当你大声斥责你的狗狗时，它就会缩头缩尾，眼睛望着地面，耳朵向后垂下，而且把尾巴夹在两腿之间，一副诚恳的样子。不过它像调皮的孩子，下一次它就会忘记，重新犯错的呦！

知识小链接

对狗来说，尿不只是尿这么简单，雄狗会以尿告诉其他狗：这是我的地盘！

我欢迎你：

狗狗的尾巴向下，大幅度地来回摆动，说明它很欢迎你。

我不欢迎你：

狗狗坚挺地站立着，耳朵和尾巴都竖起来，眼睛紧紧地盯着对方，说明狗狗很排斥对方，不欢迎对方。

我很难过：

狗狗趴下来，把头枕在前脚上，眼皮下垂，一副无精打采的模样，有时还会发出"呜呜"的声音，甚至会流眼泪，就表明它觉得得不到关爱，因此而难过。不过它的眼睛是半张开，一副睡眼惺忪的样子的话就表明："我很满意，现在休息了。"

我很强大：

狗狗昂首挺胸，头微微向前探出，表达的就是这个意思。

狗

知识小链接

如果狗狗发出"嗯——嗯——"的声音，这是诉说"痛苦"的叫声。"汪——"表示狗狗"生气""威胁"。"呜——呜——"代表"悲伤、寂寞"的情绪。"汪、汪"代表它处于兴奋或警戒状态，向主人报告，请注意有情况的意思。

聪明的哺乳动物——大象

你知道吗？

大象是现存的世界上最大的陆栖哺乳动物。大象非常聪明，它们有旺盛的精力，而且善于表达。

大象是怎么传递信息的？

大象的部分信息是通过次声波进行交流的，这种声音可以使得大象能在 1.5 千米之外进行交流。

如果距离再远一点，大象们还能交流吗？

研究人员还观察到一些大象甚至能在 10 多千米之外进行相互交流，显然，声音和化学信号都不能传递到这么远的。这个现象一直迷惑了生物学家很长时间。直到近几年，科学家才发现了大象爱用脚蹬地的行为。

大象

知识小链接

大象是通过蹬地发出的地震波进行远距离交流的，声波会沿着它们的脚掌通过骨骼传到内耳，而它们脸上的脂肪也可以用来扩音。它们蹬地的轻重和节奏代表了不同的信号。

大象日常交流能用到多少词汇？

美国生物学家乔伊斯·普尔多年研究大象的语言，她发现了大象用于日常交流的70多种声音和160种触觉信号。

大象能发出哪些声音呢？

大象不仅能发出类似吹喇叭的叫声，还能长声尖叫、呼喊、大吼，甚至还能让鼻子发出轰鸣或呻吟的声音。大象还能发出一些低沉的声音，这些声音大象能听到，而人是听不到的，研究者是通过仪器接收到这些声音的。

大象的这些声音传递了什么信息？

大象的声音通常表达了它的需求和愿望，比如保护防卫、危险警告、吸引异性、增援亲属等。

大象

知识小链接

象牙一直被作为名贵的雕刻材料，价格昂贵，所以大象遭到大肆猎捕，数量急剧下降。其实大象是很聪明的动物，很有灵性，它们甚至还会安抚同类，所以我们要关爱大象，拒绝购买象牙制品。

极聪明的动物——狼

你知道吗？

狼、恐鸟和剑齿虎被认为是古代生物进化过程中顶级的动物，今天我们只能见到狼，后两种动物都已经灭绝了。狼也是有着丰富的肢体语言的动物。

头狼用什么动作来显示自己在族群里的地位最高？

头狼将身体挺得高高的、直直的、神态坚定，尾巴微微上翘，此时它可能正盯着一头唯唯诺诺的地位低下的狼呢。

狼用什么动作表示"信任"？

如果狼把肚皮翻出来，那就是一种求饶或者示好的动作，因为腹部可是它的要害部位哦。

狼

知识小链接

狼群拥有极为严格的等级制度。一群狼的数量正常在 7 匹左右，但也有部分狼群达到过 30 匹以上，通常以家庭为单位的狼群由一对优势配偶领导，而以兄弟姐妹为一群的则以最强的一头狼为领导。

狼愤怒的时候是什么肢体语言？

愤怒的狼耳朵会平平地伸出去，背毛也会竖立，嘴唇会皱起，门牙露出，尾巴平举，有时也会弓背或咆哮。

狼恐惧的时候是什么样的？

害怕时狼会试图把它的身子显得较小，从而不那么显眼，或拱背防守，尾收回，露出最易受伤害的部位。

狼准备发起进攻的时候是什么样？

狼在半蹲的情况下是不会对人发起攻击的，但只要尾巴平举，身体微微下倾，一般来说就是发起攻击的那一刻了。

狼

知识小链接

狼还有一种最独特、最嘹亮的叫声，那便是狼族的集体号叫，目的是相互集群，如母狼常发出叫声来呼唤小狼，公狼又唤母狼，集合成群后外出猎食。

海洋之舟——企鹅

你知道吗？

性情憨厚的企鹅看起来憨态可掬，惹人发笑，它们也有自己的"语言"。企鹅的行为"语言"，主要是利用姿势、动作和叫声来表达。其中最典型的是阿德利企鹅。

企鹅紧张的时候是什么样？

阿德利企鹅会紧收脖子上的羽毛，将眼珠转到眼圈下，上露眼白，这表示它很紧张，但又不希望与对方争斗。接着它会收拢颈毛，慢慢地前后扇动翅膀蹒跚离去。

企鹅久别重逢是什么样？

每当外出归来时，阿德利企鹅会拖长尾音高声呼叫，同时身体伸长，两翅夹紧，喙部大张。当它与妻子或者孩子相遇时，还会有摇头晃脑、低头哈腰等动作，表示久别重逢之喜。

知识小链接

帝企鹅只由爸爸负责孵卵，其他种类的企鹅都是爸爸妈妈轮流孵卵的。

企鹅

对待外来的侵扰，企鹅会表现出什么样的动作？

企鹅面对贼鸥、外来企鹅或行人的侵扰，也会发出咆哮呼叫。如果情况进一步恶化，企鹅便攻击呼叫，其声音短促、沙哑、刺耳，等于在说："我与你拼了！"接着它就向对方冲去，用喙狠狠啄击来犯者，或向对方猛扑过去。同时，还用胸部顶撞对方或用翅膀猛烈拍击对方。

企鹅如何求偶？

企鹅进入"婚配"时，"住房"是个先决条件。在配对之前，独身雄企鹅开始建窝筑巢，布置"新房"，并不停地在巢位上狂热呼叫，以招引雌企鹅。

企鹅的叫声能代表不同的含义吗？

科学家最新研究表明，非洲企鹅在饥饿、快乐和寻求配偶等情况下，会发出 6 种不同的叫声。

企鹅

知识小链接

企鹅幼雏从卵壳孵出需 24~48 小时，孵出后马上就会从爸爸妈妈口中取食。

世界上最臭的动物——臭鼬

你知道吗？

臭鼬长着一身醒目的黑白相间的毛皮，栖息地多种多样，包括树林、平原和沙漠等。它们白天在地洞中休息，黄昏和夜晚出来活动。臭鼬可以放出奇臭的气味，很容易辨别。

臭鼬在什么情况下会喷恶臭的液体？

臭鼬用它那特殊的黑白颜色警告敌人，如果敌人靠得太近，臭鼬会低下头来，竖起尾巴，用前爪跺地发出警告。如果这样的警告未被理睬，臭鼬便会转过身，向敌人喷恶臭的液体。

臭鼬的恶臭液体到底有多臭？

如果敌人距离它很近，这种液体会导致被击中者短时间失明或者窒息，其强烈的臭味在约 800米的范围内都可以闻到。

臭鼬

知识小链接

绝大部分掠食者，如美洲野猫、美洲豹，除非它们非常饥饿，一般都会避开臭鼬。

有不怕臭鼬臭味的动物吗？

猫头鹰的亲戚——美洲雕鸮，它没有嗅觉，所以完全不嫌弃臭鼬。有人曾在一只美洲雕鸮的巢里发现了 57 只臭鼬。

臭鼬的臭味为什么熏不倒自己？

臭鼬发出的臭气不是屁，而是由尾巴旁的腺体分泌出来的。它在遇到威胁时才释放出臭味，喷完臭味自己就跑了。

还有其他用臭味摆脱捕食者的动物吗？

原产于非洲的绿色木戴胜鸟，也会将尾巴指向敌人并释放熏天臭气；鼻霍是一种灰白色的海鸟，它们会吃掉从鱼到垃圾的任何东西，这些东西就是它们的弹药原材料，觉察到危险后，鼻霍就会将胃中的臭东西从嘴巴喷射出来，十分恶心。

臭鼬

知识小链接

臭鼬其实性情温和，食性比较杂，秋、冬季以野果、小型哺乳类及谷物为食，而春、夏季多以昆虫和谷物等为主。

ANIMAL ENCYCLOPEDIA

解密动物睡姿

翻开本书，你便会进入一个栩栩如生的动物世界，和形形色色的动物成为好朋友，在不知不觉中悄然成为动物科普小专家。

蝙蝠

倒挂着睡觉的动物——蝙蝠

你知道吗？

蝙蝠是翼手目动物，是唯一一种会飞行的哺乳动物哦！

蝙蝠喜欢在哪儿睡觉呢？

屋檐下、岩洞里和树枝上，这些都是它们舒适的睡觉地点。

蝙蝠喜欢怎么睡？

它们喜欢用后脚爪紧紧地抓住岩壁或屋檐，将身体倒挂下来悬空着，用翅膀把自己的身体包裹得严严实实，这样它们就能舒舒服服地睡觉了。

这样睡的好处是什么？

对蝙蝠来说，这样的睡觉方式好处多多。并不是所有的天敌都会飞檐走壁，所以蝙蝠倒挂着睡相对来说很安全；万一遇到危险，它们的小爪子一松，身体往下一沉，就能迅速起飞逃之夭夭了；蝙蝠的翅膀把身体包裹起来，这样可以防止身体的热量散失，它们的翅膀其实是一床小棉被哦！

缩着身体睡觉的动物——刺猬

你知道吗？

刺猬会游泳，它们睡觉的时候还喜欢打呼噜呢！

刺猬喜欢在哪儿睡觉呢？

刺猬会为自己扒一个舒适的小窝，白天躲在窝里安静地睡觉，黄昏以后才出来活动。

刺猬喜欢怎么睡？

刺猬喜欢将自己缩成一个球，把脸和爪子都缩进球里睡觉，这样它们就会觉得很安全了。刺猬很胆小，当它们遇到危险和惊吓的时候，也会缩成球。

这样睡的好处是什么？

刺猬全身都长满了硬硬的　　　　　　　　　　　刺，缩成球以后全身的刺都竖起来对着外面，这样就算天敌来了也拿　　　　　　　　　　它　们没办法。

刺猬

知识小链接

当刺猬到达一个新环境时，会嚼一些周围的植物，将汁液吐在自己的刺上，以防被天敌闻出来，这样的伪装方法是不是很棒啊？刺猬是一种变温动物，它们不能调节自己的体温，入冬以后，它们要足足睡上五个月，直到第二年春天才会从洞里出来呢！

站着睡觉的动物——马

你知道吗？

马一年要换两次"衣服"，它们春、秋两季会各脱一次毛，以适应温度的变化。

马喜欢在哪儿睡觉呢？

人们圈养的马有舒舒服服的马厩可以睡，野马可没有这么好的福气，它们要四处躲避豺狼虎豹的捕食，所以基本上是走到哪儿就在哪儿休息一下。

马喜欢怎么睡？

马儿们不像牛羊那样有犄角可以防御敌人，它们唯一的逃命方法就是不停地奔跑，所以也就养成了站着睡觉的习惯。由于总是有天敌入侵，它们睡觉也总被打断，一天大概能睡上八九次。

这样睡的好处是什么？

豺狼虎豹一般都是在夜间捕食的，所以马儿们夜里并不敢高枕无忧，它们通常是站着打个盹儿，耳朵竖起随时听着动静，一旦发现危险就拼命奔逃。而在白天没有危险的情况下，它们也会站着休息，小睡一会儿。这样的睡觉方式是不是很安全呢？

知识小链接

马的嗅觉非常灵敏，能很轻易地根据粪便的气味辨别同伴，也能靠鼻子闻出哪些草能吃，哪些水喝了有危险；相反它们的视力很差，经常看不见静止的东西，所以突然蹿出来的兔子啦，突然飞起来的小鸟啦，都会使它们受到惊吓。

马

一边游泳一边睡觉的动物——鲨鱼

你知道吗?

鲨鱼的出现要比恐龙早三亿年,它们的年龄比恐龙还要大很多呢!它们虽然体型很大,但骨架却不是真正的硬骨头,而是由软骨构成的,又轻又富有弹性。

鲨鱼喜欢在哪儿睡觉呢?

鲨鱼是海洋中的庞然大物,尤其是大白鲨更是凶猛无比,所以鲨鱼基本上没有什么天敌,整个海洋都是它们的卧室,想在哪儿睡就在哪儿睡。

鲨鱼喜欢怎么睡?

鲨鱼没有眼睑,所以无论是醒着还是睡着,它们的眼睛都是睁开的,而且它们还会一边睡觉一边慢慢地游泳哦!

这样睡的好处是什么?

鲨鱼睡觉时必须不停地游动,这样富含氧气的海水才能源源不断地流经它们的鳃,鲨鱼才能获得充足的氧气,不会窒息。

知识小链接

鲨鱼的牙齿虽然很锋利,能把猎物撕碎,可他们一生要换上万颗牙齿哦!鱼翅中蛋白质的含量还没有鸡蛋高呢,而且含有一定量的神经毒素,所以不要吃鱼翅,大家一起保护鲨鱼吧!

鲨鱼

鹿 跪着睡觉的动物——长颈鹿

你知道吗?

长颈鹿是陆生动物中的大个子，是陆地上最高的动物哦！刚出生的长颈鹿宝宝就有 1.5 米高了。

长颈鹿喜欢在哪儿睡觉呢?

长颈鹿喜欢吃树叶，它们也喜欢睡在大树旁。

长颈鹿喜欢怎么睡?

长颈鹿入睡前会将两条前腿跪下，然后将其中一条后腿也弯曲到肚子底下，另一条腿则伸展着，屁股往地上一坐，长长的脖子弓起来弯向伸展着的那条腿，将下巴贴在小腿上，睡姿极为优雅。

这样睡的好处是什么?

长颈鹿蹲坐下来蜷起身子睡觉是一件非常舒服惬意的事情，并且这样也使它们的个头变小，不容易被发现。不过这种睡觉姿势是极其危险的，因为它们站立起来需要花费整整一分钟时间，所以它们大部分时间喜欢站在树下，将脑袋靠在树干上休息。

知识小链接

长颈鹿的心脏有 65 厘米宽，要把血液运送到很"遥远"的大脑，这实在是一件很费力的事情，因此长颈鹿的血压都很高，大约是我们人类的 3 倍。长颈鹿的腿很长，它们喝水时必须跪着或者叉开前腿，这样的话很容易受到其他动物的攻击，所以群居的长颈鹿一般都会轮流喝水。

长颈鹿

睁着眼睛睡觉的动物——鱼

你知道吗？

很多鱼都有"特异功能"，有的会飞，有的会发光、发电，有的还会发出声音和走路呢！

鱼喜欢在哪儿睡觉呢？

如果你在水里看到鱼一动不动地停在那儿，那它就是睡着啦！

鱼喜欢怎么睡？

鱼是没有眼睑的，所以它永远都是睁着眼睛，也不会眨眼，难道鱼不用睡觉的吗？其实鱼是睁着眼睛睡觉的。每到晚上，它就会躲在珊瑚或者水草的暗处一动不动，有的时候也会躲进石头缝或者小洞洞里睡觉。

这样睡的好处是什么？

狭小的地方大鱼进不去，就没有人可以打扰到它，很安全，这样它就可以安安稳稳地睡上一觉了。

鱼

知识小链接

鱼的种类很多很多，目前地球上已知的种类已经超过两万六千种了。像树的年轮一样，生物学家可以根据鱼鳞上环生的年轮来判断它有多大了。

猴

躲在树上睡觉的动物——猴子

你知道吗？

猴子的寿命一般是二十年，它在十二生肖里排名第九哦！

猴子喜欢在哪儿睡觉呢？

大多数猴子都过着树栖生活或半树栖生活，它们大多数的时间都是在树上度过的，所以大树是它们最理想的睡觉地点了。

猴子喜欢怎么睡？

猴子睡觉时喜欢把头埋入两腿之间，然后将身体尽量蜷曲起来，缩在树干上，两只手臂紧紧搂住树枝。

这样睡的好处是什么？

猴子缩成一团待在枝叶繁茂的大树上，这样能很好地隐藏自己，免受其他动物的攻击。

知识小链接

猴子互相梳理毛发，是真的在"找虱子"吗？错，那是因为它们的食物中缺少电解质，它们互相梳理毛发是在找盐粒吃，这样也能增进彼此间的交流。

互相拥抱着睡觉的动物——鸳鸯

你知道吗？

鸳鸯总是出双入对的，十分恩爱，通常被人们认为是爱情的象征。

鸳鸯喜欢在哪儿睡觉呢？

鸳鸯是一种小型禽鸟，喜欢生活在湖泊、溪流、河滩、沼泽地或稻田边，这些地方的树枝或岩石是它们休息的理想地点。

鸳鸯喜欢怎么睡？

鸳鸯是恩爱的夫妻，白天形影不离，晚上睡觉也"搂"在一起，雄鸟用右翼向左遮掩着雌鸟，雌鸟以左翼向右遮掩雄鸟，双双交颈，"同眠共枕"。

这样睡的好处是什么？

这样"搂"在一起睡既能取暖，也能观察对方身后及周围的动静，保持高度的警惕。

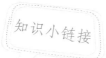

鸳鸯善于游泳和潜水，也能在陆地上走路，还有很强的飞行能力。通常一群鸳鸯在饱餐一顿返回栖息地的时候，会先派一对鸳鸯在栖息地上空盘旋侦察几圈，确定没有危险，才会招呼大家一起落下休息。

树懒已经丧失了地面活动能力，它虽然有脚却不能走路，而是靠交替移动四肢来挪动身体，所以移动的速度比乌龟还慢，2公里的路程它能走上1个月！

树懒

最懒惰的瞌睡虫——树懒

你知道吗？

树懒身上长着植物！它们全身的毛又粗又长，为森林中的藻类提供了生长条件，所以它们身上都长满了绿藻，身体看起来发绿，这也使它们在树上能很好地隐藏起来。

树懒喜欢在哪儿睡觉呢？

树懒一生都生活在树上，树就是它们温暖的床。

树懒喜欢怎么睡？

树懒是世界上最懒的动物，它们大部分时间都用脚爪抱着树枝，倒挂着睡觉。

这样睡的好处是什么？

树懒的脚爪成钩状，能牢牢地抱紧树枝，倒挂着身体很长时间。当它们困了，就这样随时随地抱着树睡上一觉，岂不是很美妙？

会"铺床"的动物——黑猩猩

你知道吗？

黑猩猩是与人类血缘关系最近的高级灵长类动物，有很强的记忆力。

黑猩猩喜欢在哪儿睡觉呢？

黑猩猩喜欢睡在高高的树上，而且是舒舒服服的树，它们每晚都要铺一个新的床。

黑猩猩喜欢怎么睡？

黑猩猩喜欢在睡觉前给自己铺一个舒适的床，用折断的树枝、树叶编织在一起，做成一床厚厚的"床垫"，有时候为了搭一张舒适的床，它们会用上半个小时的时间。

这样睡的好处是什么？

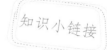

有一床厚厚的软垫子，甭提有多舒服啦，肯定能一觉睡到大天亮呢！

黑猩猩能使用简单的工具觅食，它们吃以香蕉为主的水果、树叶、根、茎、花、种子和树皮。但在争夺领地和食物时，会去吃它们的近亲——其他灵长目动物，如疣猴、狒狒等，甚至向其他族群的黑猩猩发起进攻，这就类似于人类的战争了。

黑猩猩

把鼻子含在嘴里睡觉的动物——大象

你知道吗?

每群象都有自己的神秘墓地，大象在生命的最后都会独自走进这个墓地等待死亡，即使小象出生时并没有见过墓地，年老时也能凭借一股神秘的力量找到它。

大象喜欢在哪儿睡觉呢?

如果站着睡，那大树下面是个不错的选择。如果躺着睡呢? 大象的体重太大了，一个缓缓的斜坡会使它们舒服不少。

大象喜欢怎么睡?

非洲象喜欢静静站立着睡觉，亚洲象则喜欢伸着腿躺下来睡，它们睡觉时都喜欢把长鼻子弯起来，甚至把鼻孔那端塞进嘴里。

这样睡的好处是什么?

大象的鼻子十分娇嫩，最害怕蚊子、苍蝇、蚂蚁等小虫子钻到鼻孔里去，把鼻子藏起来就不用被打扰，可以睡个安稳觉了。

大象

知识小链接

大象很有同情心，当它们看到同类受伤或者即将死去的时候，自己也会感到很沮丧，会用鼻子温柔地抚摸对方。

盘成圈睡觉的动物——蛇

蛇

你知道吗？

蛇的嘴巴虽然很小，可它却能吞下比自己大很多的猎物。

蛇喜欢在哪儿睡觉呢？

蛇喜欢住在阴凉、潮湿的环境里，杂草丛生的石头缝、人迹罕至的乱石堆，甚至是墓洞，都是它们睡觉的好地方。

蛇喜欢怎么睡？

蛇的眼睛上没有眼睑，只有一层透明的薄膜来保护眼睛，所以它一直是睁着眼睛睡觉的。在睡前它喜欢将自己的身体绕上几圈，盘成一堆，然后才开始睡觉。

这样睡的好处是什么？

盘起身体睡觉既能把自己隐藏起来，又能起到保温的作用，还能节省空间呢！

知识小链接

到了冬天，蛇就盘踞在洞里睡觉了，不吃不喝，一睡就是好几个月，天气暖和时偶尔会出来晒晒太阳。等到春天它们才会完全苏醒，开始出洞觅食，而且会脱掉原来的"外衣"，叫作"蜕皮"。蛇皮是很好的一味中药哦！

海豚

两边大脑轮流睡觉的动物——海豚

你知道吗？

海豚是用肺呼吸的哺乳动物。

海豚喜欢在哪儿睡觉呢？

海豚睡觉时喜欢在水面以下数十厘米的地方游来游去，这样它们可以随时浮上水面来换气。

海豚喜欢怎么睡？

海豚在睡觉时，会把半个大脑以及对侧的眼睛关闭，另一半大脑和它对侧的眼睛保持运转，大约两个小时之后，两边的大脑和眼睛会互换角色，以便都能得到休息。这种不寻常的睡眠模式被称为"单形慢波睡眠"。

这样睡的好处是什么？

海豚睡觉时总有一半大脑清醒着，这一半的大脑可以做很多事情呢，它不仅可以观察周围的敌情和海水变化，而且可以让海豚一直保持呼吸，还能一直指挥它游动，让它保持体温呢！

知识小链接

大部分的睡觉时间海豚都是游来游去的，除非进入了极深度睡眠，它就会"漂"在水面上，像木头一样。

不"认床"的动物——海象

海象

你知道吗?

海象是群居动物,一群海象数量可以多达成千上万只。

海象喜欢在哪儿睡觉呢?

海象在哪儿都能睡觉,甚至在海水中都能睡觉,一点儿也不挑剔,能连续睡上19个小时!

海象喜欢怎么睡?

在水中睡觉时,海象可以让颈部的一对气囊充满气体,就像穿了一件救生衣浮在水面上一样,十分惬意。在海滩上呢,它们就喜欢挤在一起睡了,经常是好几百只挤在一起,场面十分壮观。海象群在睡觉时总会留下一只"放哨",发现有危险时,哨兵会发出公牛一样的吼叫声,将同伴们唤醒。哨兵如果累了,就会推醒伙伴来换岗。

这样睡的好处是什么?

睡觉的时候有人随时保护着,该有多安稳啊!

知识小链接

哨兵非常地尽职,海象群的数量很大时,它还常常在水里游动,并不断探出头来监视周围的情况。

乌龟

缩进壳里睡觉的动物——乌龟

你知道吗?

乌龟能活几百年甚至上千年!它适应环境的能力很强,不过有时候也会生病,如果它行动缓慢,鼻子上冒泡泡,就说明它感冒了。

乌龟喜欢在哪儿睡觉呢?

乌龟喜欢睡在暖暖的阳光下,晒得舒舒服服的,也喜欢潜入水底睡觉,不过过一段时间它们就要浮上水面来换口气。

乌龟喜欢怎么睡?

乌龟睡觉有时候会把头缩进壳里,四肢随意摆放,甚至是四仰八叉的,有时干脆连头带尾一起缩进壳里。不过不管怎么睡它都是闭着眼睛的,因为它有眼睑。

这样睡的好处是什么?

在很安全的情况下,乌龟很放松地伸展四肢,非常惬意。如果再把头尾四肢一起缩进壳里,是不是更安全了呢?

知识小链接

寒冷的冬天一来,乌龟就要冬眠了,好几个月不吃不喝,睡在池底的淤泥里或者盖着枯叶的松土中。

围成圈睡觉的动物——鹧鸪

你知道吗？

鹧鸪的叫声十分响亮，听起来像是在叫"行不得也哥哥"。雄性鹧鸪非常好斗，而且有自己的领地，据说一个山头只能有一只雄性鹧鸪，否则必然引起争斗。

鹧鸪喜欢在哪儿睡觉呢？

鹧鸪一般栖息在丘陵地带的灌木丛、草地等没有树林的荒山地区，有时也出现在农田附近的小块树林和竹林中，所以它们一般喜欢睡在安全的草丛或灌木丛里，而且每晚的睡觉地点都不一样。

鹧鸪喜欢怎么睡？

鹧鸪睡觉时喜欢成群结队地围成一个大圈，所有成员一律头朝外尾朝内。

这样睡的好处是什么？

所有鹧鸪的头都朝着外面，就360°无死角了，不管敌人从哪个方向来袭，它们都能及时发现并赶快逃走。

鹧鸪

知识小链接

鹧鸪肉营养丰富，含有许多矿物质，不仅能强身健体，在民间更是治疗多种病症的良药。

最尊老爱幼的动物——牦牛

你知道吗？

牦牛是生活在海拔最高处的哺乳动物。

牦牛喜欢在哪儿睡觉呢？

牦牛生活的地方非常寒冷，它的皮毛很厚，很耐寒，所以再冷的山坡、草地上它都能睡着。

牦牛喜欢怎么睡？

牦牛睡觉的时候，体格强健的成年牦牛会围成一个圈，将老弱病残的牦牛围在中间。

这样睡的好处是什么？

在寒冷的夜晚，围成圈睡觉一方面会给中间的老弱病残者保暖，另一方面可以随时发现入侵者，保护它们。

牦牛

牦牛全身都是宝，人们喝牦牛奶、吃牦牛肉、烧牦牛粪，它的毛可做衣服或帐篷，皮是制革的好材料。它既可以农耕，又可以运输货物，有"高原之舟"的美称。牦牛还有识途的本领，能走陡坡险路、雪山沼泽，还能游过湍急的河流，并能避开路上的陷阱，因此常常被作为旅游者的向导。

成群结队的"情侣"——大雁

你知道吗?

大雁是一种热情十足的鸟儿,它能用叫声鼓励一同飞行的伙伴。

大雁喜欢在哪儿睡觉呢?

大雁常栖息在植物丛生的水边或沼泽地,这里是它们寻找食物和睡觉的最佳场所。

大雁喜欢怎么睡?

大雁喜欢成群结队地一起睡觉,并选出一只大雁当"警卫",一遇到别的动物攻击,"警卫"就会发出叫声,提醒同伴们一起飞走。大多数的大雁都是成双成对的"情侣",甜甜蜜蜜地相伴而睡,而站岗的"警卫"总是孤雁。

这样睡的好处是什么?

有"警卫"站岗,其他的大雁就可以酣畅地入眠啦!

大雁

知识小链接

大雁是出色的空中旅行家,每到秋冬季节,它们就会成群结队地排成"一"字形或"人"字形,从寒冷的西伯利亚一带飞到我国南方过冬,第二年春天再浩浩荡荡地飞回去繁殖。

沉入水里睡觉的动物——河马

你知道吗？

河马是群居动物，一群河马通常由十多只组成，有时也能结成上百只的大群。

河马喜欢在哪儿睡觉呢？

河马离不开水，河马几乎整个白天都在河水中或是河流附近睡觉、休息，晚上才出来觅食。

河马喜欢怎么睡？

河马睡在水中时，能闭塞鼻孔、折下耳朵，这样就不会进水了。每隔一段时间它就会浮出水面呼吸一次，而神奇的是，河马不用醒来，在睡梦中就能完成这一切。

这样睡的好处是什么？

河马体积庞大，漂在水里睡觉能减轻压力，睡得更香，而且整个身体泡在水中，蚊子、苍蝇也不会来打扰它的好梦了。

河马

知识小链接

尽管河马是陆地哺乳动物，但它们最喜欢在水中生活，每次潜水的时间可长达5~10分钟，一般每三五分钟把头露出水面呼吸一次，但它要是愿意，也可以潜伏半小时不出水面换气。

北山羊

在悬崖边睡觉的动物——北山羊

你知道吗?

北山羊是登高健将,它的蹄子非常坚实,踝关节富有弹性,脚趾也像钳子一样能抓住岩石,所以它能在险峻的悬崖上攀爬奔跑。

北山羊喜欢在哪儿睡觉呢?

北山羊白天一般选择在地势险要的悬崖峭壁间觅食和休息,清晨和黄昏才到较低的高山草甸上觅食和饮水,正所谓"最危险的地方就是最安全的地方"。

北山羊喜欢怎么睡?

它们一般在背靠积雪的山巅或峭壁上,选择一处背风的岩石,站立或者卧着休息,两旁是深不见底的深渊。

这样睡的好处是什么?

北山羊能在悬崖岩石间攀爬奔跑,但它的死对头雪豹也擅长登高,北山羊只有选择睡在非常危险的悬崖峭壁上,才能躲避雪豹的追捕。

知识小链接

北山羊的警惕性极高,在觅食的时候总有两三只雌羊站在离群体不远的巨石上放哨。

丹顶鹤

单脚站立睡觉的动物——丹顶鹤

你知道吗？

丹顶鹤脖子长，就像铜管乐器一样，所以它的声音十分洪亮，能传到三五千米以外。

丹顶鹤喜欢在哪儿睡觉呢？

丹顶鹤夜里喜欢睡在四周环水的浅滩上或芦苇塘边，白天外出觅食，吃饱以后，中午也会在河滩上休息，打个盹儿。

丹顶鹤喜欢怎么睡？

丹顶鹤睡觉时喜欢将头转向身后，插在背部的羽毛里，一条腿站立，另一条腿缩在肚子底下，过一段时间累了，就会两条腿轮换。

这样睡的好处是什么？

大多数的禽鸟类动物都喜欢这样站着睡觉，一旦发现敌情，就可以迅速展翅飞走。如果趴在地上睡，那么就要先从地上站起来才能飞，岂不是变成人家的口中餐了？

知识小链接

丹顶鹤喜欢成双成对地跳舞，舞姿也很优美，它们会伸颈、扬头、弯腰、踏步、跳跃，甚至还会叼起小石子或小树枝抛向空中。

一边飞行一边睡觉的动物——信天翁

你知道吗？

信天翁寿命很长，是仅有的能活到老死的鸟类之一。过去，迷信的水手将信天翁视为不幸葬身大海的同伴的亡灵，杀死它必会招来横祸。

信天翁喜欢在哪儿睡觉呢？

信天翁栖息在海洋上，只有在繁殖期才成群地登上远离大陆的海岛，因此它们通常都是在海上觅食和休息的。

信天翁喜欢怎么睡？

信天翁没有固定的睡觉时间，因为它们一直都在忙碌着捕食，所以都是一边飞行一边解决睡觉的问题。

这样睡的好处是什么？

一边飞一边睡觉，那肯定只能是短暂地打盹儿了，可这对信天翁来说已经足够，它可以留出更多时间去寻找食物。不仅是信天翁，还有不少其他种类的鸟儿都能这样睡觉。

知识小链接

信天翁是"模范夫妻"，一旦配偶关系确立下来，通常就会一直生活在一起，直到一方死亡。

睁一只眼闭一只眼睡觉的动物——猫头鹰

猫头鹰

你知道吗?

猫头鹰的视觉非常敏锐,在漆黑的夜晚,能见度比人高出 100 倍以上。但它无法辨认色彩,是个不折不扣的色盲,也是唯一一种不能分辨颜色的鸟类。

猫头鹰喜欢在哪儿睡觉呢?

大多数的猫头鹰都栖息在树上,因此它们喜欢睡觉时静静地蹲在树枝上。

猫头鹰喜欢怎么睡?

猫头鹰睡觉的时候,两只眼睛分工合作,一只闭着休息的时候另一只就睁开,保持着高度的警惕。

这样睡的好处是什么?

这样睡能随时发现田鼠或者其他一些伤害庄稼的动物,在第一时间抓住它。如果一些大型动物来攻击,猫头鹰就可以及时发现并且展翅飞走。

知识小链接

绝大多数的猫头鹰是夜行性动物,白天藏在树丛、岩穴或者屋檐下休息,不易见到,晚上才出来觅食,也不容易被人发觉。

猫鼬

叠在一起睡觉的动物——猫鼬

你知道吗?

猫鼬居住在地球上炎热干旱的沙漠地区,是一种群居动物,一个猫鼬族群的数量可多达 40 只,每个族群都有一只雄性首领和一只雌性首领。

猫鼬喜欢在哪儿睡觉呢?

猫鼬喜欢白天出来四处活动,晚上会在地洞里睡觉,它们的洞有着相当复杂的网络系统,有专门的"卧室",并且有多个入口。

猫鼬喜欢怎么睡?

猫鼬睡觉的时候喜欢挤在一起"叠罗汉",将族群首领压在最下面保护起来。如果只是吃饱了以后打个盹儿,也总有一只猫鼬在旁边站岗放哨。

这样睡的好处是什么?

沙漠地区的夜晚是很寒冷的,它们挤在一起睡可以相互取暖,小狗、松鼠、蝙蝠以及其他许多动物,都有挤在一起睡的习惯。

知识小链接

猫鼬的身体无法储存多余的脂肪,所以它们身材很"苗条",如果它们不坚持每天觅食就会饿死。

自制防冻剂的动物——青蛙

青蛙

你知道吗？

最原始的青蛙在三叠纪早期就开始进化了。

青蛙喜欢在哪儿睡觉呢？

青蛙是变温动物，冬天会进入冬眠状态，通常睡在水塘岸边、稻田埂等处的松软泥土中和洞穴里，有的也会沉入河底的淤泥中冬眠。

青蛙喜欢怎么睡？

青蛙先选好冬眠地点，蹲在比较松软的土地上，两只后腿左右摇摆，一点一点地坐进土里。最后，青蛙的周围形成一个蛙穴，四壁非常光滑。同时，它的体内会生成防冻物质——丙三醇。

这样睡的好处是什么？

有了丙三醇，青蛙的重要器官就不会被冻僵，虽然它一整个冬天都不再呼吸，心跳也停止，然而到了春天气温回暖的时候，它的身体会恢复功能，焕发生机。

知识小链接

小蝌蚪变成青蛙的过程称为"变态"，先长出两条后腿，再长出两条前腿，等到尾巴消失就可以上岸生活了。

动物界的瞌睡虫——睡鼠

你知道吗？

睡鼠的寿命通常是 5 年，但四分之三的时间都用来睡觉，是冬眠动物中最有名的"瞌睡虫"，也就是说一年中的春、深秋以及冬季大约 9 个月时间，它都处于冬眠状态，不吃不喝。即使是在夏天，它们也是终日呼呼大睡，直到夜晚才出来活动。

睡鼠喜欢在哪儿睡觉呢？

睡鼠喜欢睡在盘根错节的树根之间或是灌木丛里，用树叶、杂草造一个舒舒服服的窝，一年睡那么长时间，床不舒服可不行。

睡鼠喜欢怎么睡？

睡鼠常常是将自己蜷成一个小圆球，缩在窝里睡觉。

这样睡的好处是什么？

缩成球睡觉既保暖又节省空间，这样就不用费劲做很大的窝啦！

睡鼠

知识小链接

睡鼠在短暂的夏天必须竭尽所能地储备脂肪，睡觉期间的生命维持就靠它了，如果不能积累足够的脂肪就入睡，睡鼠会在漫长的睡眠中饥饿而死。

躲进"房子"睡觉的动物——蜗牛

你知道吗?

蜗牛的嘴大小和针尖差不多,但却有 26000 多颗牙齿,是世界上牙齿最多的动物。

蜗牛喜欢在哪儿睡觉呢?

蜗牛怕光,白天大多藏在阴暗潮湿的环境里睡觉,比如绵软疏松的土壤或者杂草丛生的洞穴。

蜗牛喜欢怎么睡?

在寒冷地区生活的蜗牛会冬眠,在热带生活的蜗牛旱季也会休眠,休眠时它们会分泌出黏液,形成一层干膜封闭壳口,全身藏在壳中,当气温和湿度合适时才会出来活动。

这样睡的好处是什么?

这层干膜封闭了壳口,就像关起门来睡大觉一样,谁也不能来打扰。

蜗牛

知识小链接

蜗牛的眼睛长在两只触角的顶端,在触角中间往下一点儿的地方有一个小洞,就是它的嘴巴,里面有一条锯齿状的舌头,叫作"齿舌"。蜗牛的肚子上有扁平宽大的腹足,会分泌黏液帮助行走,还可以防止昆虫的侵害。

"裹着床单"睡觉的动物——海獭

你知道吗？

海獭大部分时间都待在海里，除了觅食和休息，它们几乎一直在整理皮毛。

海獭喜欢在哪儿睡觉呢？

海獭白天常常几十个甚至几百个在海里嬉闹、觅食，到了晚上，有时睡在岩石上，但更多的时间会躺在海面上睡觉。

海獭喜欢怎么睡？

海獭喜欢集体寻找一片海藻丛生的海域，紧紧地抓住海藻，或者干脆连续打几个滚，将海藻缠绕在身上，然后仰面浮在水上睡觉，有时甚至会拉起手来防止漂散。如果它们对某个睡觉地点感到满意，就会每天都到那儿去睡。

这样睡的好处是什么？

有海藻绑着，海獭睡着以后就不会沉入海底或者被大浪冲走，还可以远离岸上其他动物的侵犯，即使遇到危险，也可以立刻潜入水中逃走。

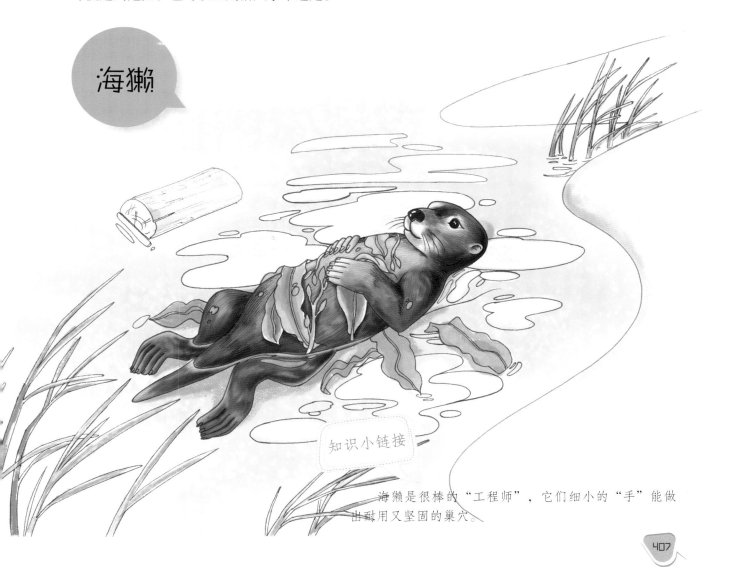

海獭

知识小链接

海獭是很棒的"工程师"，它们细小的"手"能做出耐用又坚固的巢穴。

耳朵贴在地上的动物——狗

你知道吗?

狗的汗腺集中在舌头和脚趾上,因此它们要散热就必须经常伸舌头。

狗喜欢在哪儿睡觉呢?

如果能睡在阳光下,那狗一定会睡得懒洋洋的。除此之外,家里的任何地方,狗窝里、沙发上甚至是主人的床,只要是安全的,它就能睡着。

狗喜欢怎么睡?

狗在睡前总是东闻闻西嗅嗅,有时要绕上几圈,确定没有危险之后才躺下来,将头趴在两个前爪之间,一只耳朵贴在地面上,然后才开始入睡。

这样睡的好处是什么?

狗的鼻子十分灵敏,因此需要精心地呵护,睡觉时用爪子护住鼻子,可以起到保护的作用。睡觉时一只耳朵贴在地面上,这样稍有动静就能醒来,如果是熟悉的人它就会安安静静的,要是陌生人它就会汪汪大叫了。

狗

知识小链接

狗肚子朝天躺着让你摸它的肚子,是一种信任你的表现。

枕着"胳膊"睡觉的动物——猫

你知道吗？

猫体态轻盈，落地无声，那是因为它爪子上长着厚厚的"小肉垫"，而且它的尾巴能保持身体平衡。

猫喜欢在哪儿睡觉呢？

猫是夜行性动物，白天喜欢睡在暖和的阳光下。

猫喜欢怎么睡？

猫一天中有十四五个小时都在睡觉，睡觉时喜欢侧着头，一只耳朵紧贴着前肢。

这样睡的好处是什么？

耳朵贴着前肢睡觉能迅速捕捉来自周围的声音，稍有动静它就会警觉。虽然猫一天睡的时间比较长，但只有四五个小时是真睡，其他时间都是在闭目养神，以便于养足精神，夜晚起来捕捉猎物。

知识小链接

猫十分爱清洁，它的舌头上有许多粗糙的小突起，这是除去脏污最合适的工具，它经常会在饭后舔舔爪子。被主人抚摸以后，它也会舔自己被抚摸的地方，那是因为它在记忆人的味道，担心与主人分开后找不到主人。

脚上缠着丝睡觉的动物——蜘蛛

你知道吗？

有的蜘蛛结网的本领很强，甚至可以用网做成一个气球，随风去旅行。有的蜘蛛却不会织网，它们喜欢四处游走或者就地伪装来捕食猎物。

蜘蛛喜欢在哪儿睡觉呢？

蜘蛛怕光，经常选择在透光和透风的地方结网，一般会在蜘蛛网上或者附近有遮挡的地方睡觉，比如屋檐底下。

蜘蛛喜欢怎么睡？

蜘蛛睡觉时脚上总会缠着一根蛛丝，这根蛛丝连通到蜘蛛网上，可以让蜘蛛随时感知猎物。

这样睡的好处是什么？

要是有飞虫不幸落入了蛛网，蛛丝弹动起来，蜘蛛很快就会感觉到震动，赶过去吃掉"点心"，这样即使睡着了，也不会错过任何猎物，可以高枕无忧了。

蜘蛛

知识小链接

蜘蛛很爱清洁，将吃、睡和排便的场所分得非常清楚，要是美餐一顿吃不完，还会吐丝将剩下的食物包好，留着下一顿吃。

穿着"睡衣"睡觉的动物——鹦嘴鱼

你知道吗？

鹦嘴鱼的嘴里有很多小牙齿，这些牙齿形状像鹦鹉的牙，所以它的名字才叫鹦嘴鱼。

鹦嘴鱼喜欢在哪儿睡觉呢？

鹦嘴鱼生活在珊瑚礁海域，喜欢在美丽的珊瑚丛中睡觉。

鹦嘴鱼喜欢怎么睡？

每天黄昏时，鹦嘴鱼的皮肤就会分泌出大量的黏液，把整个身体包裹起来，好似穿上了一件薄薄的睡衣，天亮以后，鹦嘴鱼便伸伸"懒腰"，"脱"去睡衣，去觅食了。

这样睡的好处是什么？

穿上"睡衣"睡觉，鹦嘴鱼会感到十分安全，而且睡衣前后端各有一个开口，海水可以从"睡衣"里流过，让鹦嘴鱼呼吸，这样它们就不会闷啦！

鹦嘴鱼

知识小链接

鹦嘴鱼主要吃珊瑚，有些珊瑚无法消化，就会被它排泄出来成为沙子，所以生活在珊瑚礁周围的鹦嘴鱼，扮演了相当重要的"沙子生产者"的角色。

漂起来睡觉的动物——比目鱼

你知道吗？

比目鱼的身体扁平，双眼同在身体朝上的这一侧。它平时常卧在海底，在身体上覆盖一层沙子，只露出两只眼睛等待猎物、躲避危险，游泳时也是有眼睛的一侧向上，侧着身子游。

比目鱼喜欢在哪儿睡觉呢？

比目鱼栖息在浅海的海底沙地上捕食小鱼虾，睡觉也不会离开沙地很远。

比目鱼喜欢怎么睡？

别看比目鱼平时喜欢躺在海底，但到了睡觉的时候，却全都漂浮到水面上来。

这样睡的好处是什么？

平时比目鱼将自己隐藏在沙子里捕食猎物，实在是辛苦得很，睡觉时任意漂浮在水面上，是不是很放松很享受呢？

知识小链接

刚孵化出来的小比目鱼的眼睛是生在两边的，在长到约 3 厘米长时，它的眼睛就会"搬家"，一侧的眼睛向头的上方移动，渐渐地越过头顶移到另一侧，直到接近另一只眼睛时才停止。

比目鱼

穿山甲

穿山甲非常爱清洁，每次大便都要到洞外1~2米的地方，先挖一个洞，排便以后再用土埋起来。它的洞穴也很有讲究，夏天住的夏洞干燥凉爽，冬天住的冬洞温暖舒适，结构复杂，还有专门的"粮仓"和"卧室"。

"关上门"睡觉的动物——穿山甲

你知道吗？

穿山甲全身披着一层厚厚的"盔甲"，重量能达到体重的 20%。

穿山甲喜欢在哪儿睡觉呢？

穿山甲大多生活在亚热带的落叶森林里，白天躲在洞里休息睡觉，并用泥土把洞口堵上，就像关上门一样，夜晚才出来觅食。

穿山甲喜欢怎么睡？

穿山甲睡觉时先将头部和四肢缩在胸前，然后用扁平而粗大的尾巴覆盖在最外面，之后才安然入睡。

这样睡的好处是什么？

穿山甲的肚子上没有鳞片，全身缩起来睡能够保护脆弱的肚子，防止被袭击。

盖着"被子"睡觉的动物——松鼠

你知道吗？

松鼠的嗅觉极其发达，它能准确无误地闻出来松果球里的松子是不是有松仁，松塔尖上凡是被松鼠放弃的松果都是空的。

松鼠喜欢在哪儿睡觉呢？

松鼠把巢安在茂密的树枝上，或者住进乌鸦和喜鹊的废巢，有时也在树洞中做窝。白天它就睡在温暖的窝里，躲避捕食者，一睡就是 14 个小时。

松鼠喜欢怎么睡？

松鼠睡觉时喜欢蜷起腿来，将大尾巴盖在身上。要是有两只松鼠睡在一起，它们就会亲亲热热地拥抱着入睡，两条尾巴一齐盖在身上。

这样睡的好处是什么？

松鼠的大尾巴就像一床厚厚的被子，在睡觉时可以为松鼠保暖。

松鼠

知识小链接

不管天气怎么寒冷，松鼠都不在窝里吃东西，而是坐在向阳的树枝上，抱着食物送入口中，津津有味地品尝，时而竖起耳朵倾听，时而转动双眼环顾四周，十分可爱。

挖坑睡觉的动物——黄羊

你知道吗?

黄羊很耐旱,可以几天不喝水。

黄羊喜欢在哪儿睡觉呢?

黄羊栖息于半干旱的草原和荒漠上,通常在清晨和下午觅食,其他时间就地休息睡觉。

黄羊喜欢怎么睡?

冬天黄羊喜欢先用蹄子把积雪刨开,形成浅坑,然后大家聚拢在一起,躺在里面,如果是在天气寒冷的白天或者风雪交加的夜晚,会紧紧地挤在一起。

这样睡的好处是什么?

刨一个坑睡觉能让自己的位置稍微降低一些,这样不容易被天敌发现,也能遮挡风雪,挤在一起更能取暖。

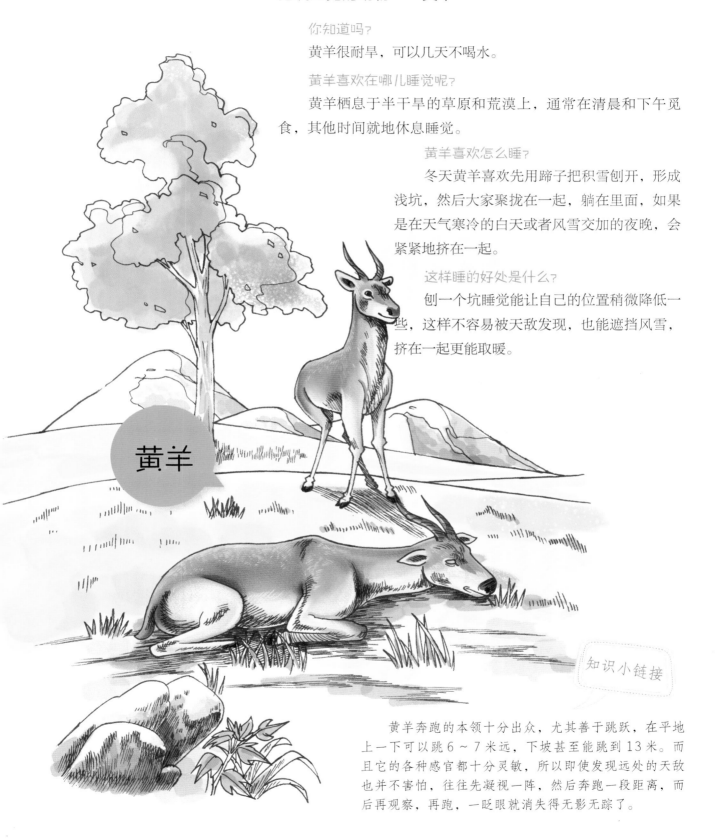

黄羊

知识小链接

黄羊奔跑的本领十分出众,尤其善于跳跃,在平地上一下可以跳 6~7 米远,下坡甚至能跳到 13 米。而且它的各种感官都十分灵敏,所以即使发现远处的天敌也并不害怕,往往先凝视一阵,然后奔跑一段距离,而后再观察,再跑,一眨眼就消失得无影无踪了。

> 章鱼

> 知识小链接

章鱼对各种器皿的喜好程度令人叹为观止，它可以钻进比自己身体小很多的容器中。

爱钻瓶子的动物——章鱼

你知道吗?

章鱼不仅能够连续 6 次喷射墨汁，还能随时改变自己的体色和结构，伪装成一束珊瑚、一块岩石等。有一种拟态章鱼甚至能迅速将自己伪装成海蛇、狮子鱼、水母等有毒生物。

章鱼喜欢在哪儿睡觉呢?

章鱼栖息在海底，尤其喜欢各种各样的器皿，海螺、贝壳、陶罐、瓶子、管子甚至是人的头骨，都是它们睡觉的好地方。

章鱼喜欢怎么睡?

如果睡在瓶瓶罐罐里，那就很安全了，如果是睡在外面，它就会留下两只触手在身体周围不住地挠动，其余的触手都蜷起来休息。

这样睡的好处是什么?

谁要是碰到它那两只醒着的触手，它就会马上跳起来，这样是不是很安全啊?

素食主义者——大熊猫

你知道吗?

大熊猫最初是肉食动物,但由于花大量体力去捕猎小动物,得到的营养却不足以抵偿消耗掉的能量,所以大熊猫就开始改"吃素"了,以竹子维持生命。

大熊猫喜欢在哪儿睡觉呢?

大熊猫爬树很棒,也喜欢在树枝上休息。如果一只熊猫宝宝睡在树上,它的妈妈通常会守在树下睡觉,这样就能在捕食者袭来时保护它的孩子了。

大熊猫喜欢怎么睡?

平躺、侧躺、俯卧都是大熊猫喜欢的睡觉姿势,要么伸展开来,要么蜷成一团,想怎么睡就怎么睡。

这样睡的好处是什么?

姿势随意,酣畅入睡,真是一件美妙的事情!

大熊猫

知识小链接

大熊猫性情十分温顺,第一次看见人,总会低下头用前掌捂着脸,很害羞。在野外也不主动攻击其他动物,遇见了也只是回避。不过一旦当上了妈妈,它就变得暴躁易怒。

坐在树上睡觉的动物——考拉

你知道吗？

考拉

考拉没有尾巴，它的尾巴已经退化成一个"座垫"了，臀部的皮毛又厚又密，即使整天坐在树上也不会觉得屁股疼。

考拉喜欢在哪儿睡觉呢？

考拉大部分时间栖息在树上，所以树上是它最喜欢的睡觉地点。

考拉喜欢怎么睡？

考拉睡觉会用各种不同的坐姿和睡姿。天气炎热时它喜欢摊开四肢并微微摇摆，以保持凉爽，天气变冷时就会将身体缩成一团。不管采取哪种姿势，它每天要花 18 ～ 22 小时来睡觉。

这样睡的好处是什么？

考拉唯一的食物就是桉树叶，每天它要吃大量的桉树叶才能维持生命，所以长时间的睡眠能帮助考拉保存体能，用来消化纤维含量很高的桉树叶。

知识小链接

考拉一年只生一个宝宝，小考拉在妈妈的育儿袋里生活到 1 岁，等到弟弟或者妹妹降生了，它就得"让位"啦！

喜欢"嚼口香糖"的动物——鹿

你知道吗？

鹿和牛、羊一样是反刍动物，休息时它们经常将胃里的食物倒回嘴里，重新咀嚼以后再咽下去。

鹿喜欢在哪儿睡觉呢？

它们喜欢在一天的不同时段睡在不同的地方。夜间，鹿会选择睡在松树或冷杉树下；而在白天，鹿会躺在田野、草地或其他开阔的树林地带。

鹿喜欢怎么睡？

白天吃饱以后，鹿可以站着打个盹儿，如果睡沉了，也可以躺下来舒舒服服地睡。

这样睡的好处是什么？

睡在松树或冷杉树下的话，低矮的树枝可以帮它们遮挡风雪，帮它们保存热量；躺在开阔的草地上，就能舒舒服服地晒太阳了，而且一有动静就能及时发现，方便逃跑。

知识小链接

除了驯鹿以外，其他种类的鹿都是雄鹿长角，雌鹿不长角。雄鹿的角每年都要脱落换新的，新长出的角外面包着皮肤，有毛，叫作"鹿茸"。

草原上的王者——狮子

你知道吗？

　　狮子是群居动物，一个狮群的数量可以达到 30 头。通常有 1 ~ 2 头成年雄狮，但它不会时时刻刻待在狮群里，而是在领地周围四处游走，保卫狮群的安全。

狮子喜欢在哪儿睡觉呢？

　　它们喜欢爬到树上或者缩进阴凉地里睡觉，以躲避炽热的阳光。

狮子喜欢怎么睡？

　　狮子睡觉时一般喜欢趴着，将头枕在前肢上，和猫的睡觉姿势相似。狮子平均一天要睡 18 ~ 20 小时，在吃饱的情况下甚至能睡足 24 个小时。

这样睡的好处是什么？

　　狮子枕着手臂睡能随时监听周围的动静，以随时准备追捕猎物或接受挑衅。它们虽然奔跑的速度非常快，但自身重量也非常大，捕猎或打架消耗的能量很多，所以需要充足的睡眠。

知识小链接

　　当有陌生的狮子打败狮群的头领，它就会成为这群狮子的新主人，会毫不留情地杀死狮群里的小狮子。

会隐蔽起来睡觉的动物——棕熊

棕熊

你知道吗?

棕熊看起来笨笨的，但奔跑起来的速度相当快。它是游泳健将，能在湍急的河水中捕鱼，也能爬树和直立行走。

棕熊喜欢在哪儿睡觉呢?

棕熊一般早晨和黄昏出来觅食，白天就躲在窝里休息，它们的窝一般建在避风的山坡上，或者是枯树洞里，窝里会铺一些干草，十分舒适。

棕熊喜欢怎么睡?

棕熊每年会冬眠 4 ~ 5 个月，进洞睡觉之前它们会先绕着洞口走几圈，有时甚至会故意将自己的足迹弄乱，然后才钻进洞里睡觉。一受到惊吓就会清醒，天气暖和的时候也会出来活动活动。

这样睡的好处是什么?

棕熊这样警醒的冬眠有助于避免陷入危险。

知识小链接

棕熊的食谱很杂，它们吃植物的根茎和果实，也吃昆虫和小动物，荤素通吃，居住在海岸线周围的棕熊还喜欢捕食鲑鱼。

狐狸

知识小链接

狐狸的屁股上生有一对腺囊，能放出奇特的臭气。它的警惕性很强，要是谁发现了它窝里的小宝宝，它当天晚上就会"搬家"。

戴着"围巾"睡觉的动物——狐狸

你知道吗？

狐狸的听觉、嗅觉等感官都十分灵敏，动作也很矫捷，外形优雅漂亮，但"名声"不怎么好，通常人们将它视为狡猾、奸诈、心术不正的象征。

狐狸喜欢在哪儿睡觉呢？

狐狸喜欢生活在森林、草原、丘陵地带，居住在树洞中或土穴中，夜晚外出觅食，白天则躲在窝里睡觉。

狐狸喜欢怎么睡？

狐狸睡觉时喜欢侧躺着，将身体蜷缩起来，毛茸茸的大尾巴尽量环绕着身体，将头埋入尾巴里。

这样睡的好处是什么？

狐狸的毛皮很厚，十分保暖，因此即使生活在寒冷地带也不害怕，再加上它的毛茸茸的大尾巴就像"围巾"一样，睡觉就更不怕冷啦！

老虎

睡在超大"卧室"里的动物——老虎

你知道吗?

老虎被称为"森林之王",几乎没有什么天敌,它独居在自己的领地内,这个领地大约得有方圆 40 平方千米才够它"散步"。

老虎喜欢在哪儿睡觉呢?

老虎爱在自己的领地上游荡,没有固定的巢穴,丛林里、山脊上,想在哪儿睡就在哪儿睡,整个领地就是它的超大"卧室"。

老虎喜欢怎么睡?

老虎喜欢黄昏时开始捕食猎物,白天大多趴着休息。在睡觉时,老虎喜欢侧卧着睡,和猫、狮子等猫科动物姿势相似。

这样睡的好处是什么?

老虎看准猎物以后会先低下身体掩护起来,慢慢靠近,悄悄伏击,捕食时动作异常迅猛,果断而坚决,因此它捕食时需要消耗大量的能量,白天慵懒地睡上一天能让它积蓄能量,养精蓄锐。

知识小链接

老虎不喜欢炎热的天气,因此它们很喜欢游泳,而且泳技高超。

ANIMAL ENCYCLOPEDIA

概览城市动物园

翻开本书，你便会进入一个栩栩如生的动物世界，和形形色色的动物成为好朋友，在不知不觉中悄然成为动物科普小专家。

合作捕猎的掠食者——狼

你知道吗?

狼是一种非常凶狠的肉食动物,喜欢群居在一起。

狼有多大年龄了?

早在 200 万年前,它就和泰坦鸟、剑齿虎并称三大顶级杀手了,可现在泰坦鸟、剑齿虎都已经灭绝了,只有狼幸存了下来,原因是它们捕猎的时候会互相合作,而不是单独行动,"人多力量大"嘛!

狼为什么要吼叫?

不同的狼群都拥有自己独立的地盘,它们喜欢通过令人毛骨悚然的吼叫声来告诉周围的陌生狼:"这地方是我们的,你别想进来"。

知识小链接

狼的听觉和视觉都很好,尤其是嗅觉十分发达,它们善于快速奔跑和长距离奔跑。

狼群是由哪些成员组成的？

狼大多数都是以家庭为单位过群体生活的，一群狼就是一个家庭，父母带着孩子，有时也会收养一些无家可归的狼宝宝。

狼会照顾宝宝吗？

别以为狼只有凶狠的一面，它可是合格的父母，非常爱护幼崽。父亲在外捕猎会想着孩子还没吃饭，将肉带回来给它们吃，而母亲更加伟大，它们将猎物吞下肚先消化着，等回来以后再吐出来给宝宝吃。

狼喜欢怎么捕猎？

狼喜欢相互配合捕猎，通常会先瞅准时机咬住猎物的脚踝，使它瘫痪，然后再下手就简单多了。

狼

知识小链接

狼的猎物大多是有蹄子的动物，它们的蹄子踢起来相当厉害，所以狼捕猎也是冒着很大风险的。

性格高冷的动物——豹

你知道吗？

豹子很容易适应周围的生活环境，它可以在炎热干旱的荒漠生存，也可以在冰天雪地的雪山繁衍。

豹子是夜行动物吗？

豹子喜欢夜里出来捕猎，白天常常慵懒地趴在树叶茂密的树杈上睡觉，不过树下有猎物经过，它也会一跃而下，咬住它的喉咙。

豹子怎么捕猎？

在地面上，豹子发现猎物以后会隐蔽在草丛里，慢慢向它靠近，等到有足够把握的时候就一跃而起扑过去，甚至穷追猛赶。豹子身姿矫捷、速度极快，一会儿就能得手。

知识小链接

豹的长尾巴可以在它奔跑的时候帮助它保持平衡。

猎物如果吃不完怎么办呢？

如果猎物很大，吃剩的肉它会衔到隐蔽的地方，用树枝、树叶、枯草等东西盖上，下一顿再来吃。它还喜欢直接将猎物拖到树上慢慢享用，吃不完的话就那样挂在树枝上晾着。

豹子喜欢群居吗？

豹子喜欢独居，性格很高冷，有自己单独的领域，通常它们会用粪便和尿来标注领地的范围。

豹子有什么本领？

豹子各项感官都很好，听觉、视觉、嗅觉都很发达，而且有很高的智商，尤其善于快速奔跑。

豹子有一身美丽的花斑纹路，这是它的保护色，可以帮助它隐藏在草丛里不被发现。

豹

用鼻子喝水不会呛到的动物——大象

你知道吗？

大象也是群居动物哦！它们通常以家庭为单位过着群居生活，妈妈负责指挥孩子们觅食和休息以及走什么样的路线，爸爸则负责保卫家庭的安全。

大象的寿命有多长？

大象可以活70年，象宝宝要在妈妈肚子里待22个月才会出来，而且会跟着妈妈生活8～10年。

大象怎么吃东西？

大象的象牙很长，如果像其他动物那样直接用嘴巴去啃水果蔬菜肯定不方便，好在它有一条无所不能的鼻子，不仅可以呼吸，还可以将食物卷起来塞进嘴里。

知识小链接

大象是陆地上最大的哺乳动物。

大象

大象的象牙为什么那么长?

大象的牙可以终身不停地生长,永远不脱落,它的用处可多了,可以用来折断树枝,还可以用来探路,所以经过一代一代的进化,大象的象牙就越来越长了。

大象喝水不会呛到吗?

大象是哺乳动物,是用它的长鼻子来呼吸的,它的鼻子还可以用来喝水,绝不会呛到,因为它的鼻腔后面有一块软骨,喝水时软骨将气管盖起来,水就不会进入气管和肺部了,不喝水时软骨打开,就可以正常呼吸了。

大象的鼻子为什么能抓东西?

大象鼻子的末端不是普通的圆桶状,而是长有手指一样的突起,这样就可以捏起像花生一样小的食物啦!

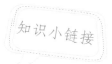

知识小链接

每一群大象都有自己的神秘墓地,除非是死于非命,否则每一头大象临终前都会自己主动走到墓地去等待死亡。

大象

不挑嘴的动物——熊

你知道吗？

熊平时性情很温和，要是惹毛了它，它就会发疯，变得凶猛异常。

熊只有被惹怒了才发疯吗？

除了被惹怒以外，熊如果当上妈妈了，她就会特别有保护欲，任何想靠近宝宝的东西她都会怒目而视。

熊喜欢吃什么？

要是给熊列上一个食物清单，那可长了，它们不挑嘴，什么都吃，素菜有青草、嫩叶、绿芽、苔藓、浆果等，荤菜有鱼、螃蟹、青蛙、老鼠、小鹿、小羊，甚至是腐肉。它们有时会吃点小零嘴：蚂蚁、鸟蛋、坚果等，还尤其爱吃蜂蜜，它们的毛皮很厚，可不怕被蜜蜂蜇。

知识小链接

相比之下北极熊的菜谱可简单多了，它们只吃海豹和鱼。

熊

熊喜欢群居吗？

大多数时候熊喜欢独来独往，不喜欢群居，它们只会在繁殖期和自己的宝宝生活在一起。

熊是好妈妈吗？

熊算得上是一位好妈妈，她会尽心尽力地照顾宝宝，通常一年只生 1 ~ 4 个宝宝，会带着它们生活 1 年，教给它们生活的本领。

熊掌可以吃吗？

熊掌曾经是一道珍稀大餐，可这是不道德的，试想一下，熊要是没有了爪子它将如何捕食和生存呢？这将是多么悲惨的一件事啊！

知识小链接

熊被列为我国的一级保护动物，没有需求就没有捕杀，所以保护熊从我做起，一起拒绝熊掌吧！

熊

长着袋子的动物——袋鼠

你知道吗？

袋鼠最高可长到 2.6 米，比人还高，可袋鼠宝宝刚出生时却只有花生米那么大。

袋鼠肚子上的袋子有什么作用？

袋鼠肚子上的袋子叫作"育儿袋"，里面有 4 个乳头，2 个分泌高脂肪奶水，2 个分泌低脂肪奶水。

袋鼠妈妈的所有宝宝都能成活吗？

袋鼠妈妈一胎会生 3 ~ 4 个宝宝，它们一出生就要立即爬到妈妈的袋子中生活，可惜的是袋鼠宝宝只有吸取低脂肪奶水才能存活，所以只有选对了乳头，两个幸运儿才能活下去，其他的宝宝就没有这么好的运气了。

袋鼠

知识小链接

袋鼠被追赶的时候有个自卫绝招，转过身背靠大树，用两条后腿跳起来狠踢来犯者的肚子。

袋鼠有什么本领?

袋鼠的两条后腿十分强健有力,擅长跳跃,跳一下最高可达 4 米,最远可达 14 米。

袋鼠的尾巴可以用来做什么?

袋鼠的尾巴很厉害,在跳跃的时候可以帮助袋鼠把握方向,更厉害的是,在袋鼠休息的时候它可以当作"板凳",支撑着袋鼠坐着休息,如果遇到危险,它的尾巴还可以当作武器来攻击别人。

袋鼠有天敌吗?

在气候宜人的澳大利亚,袋鼠没有天敌,它们的数量可以在很短时间内疯涨。当地人不忍心猎杀袋鼠,又想让它们不要泛滥成灾,于是只能给雄袋鼠做绝育手术。

知识小链接

袋鼠家族有很强的"家族意识",它们很难接纳新来的袋鼠。

袋鼠

脖子最长的动物——长颈鹿

你知道吗？

长颈鹿不是不会发声，只是它很少发出声音而已，当长颈鹿宝宝找不到妈妈时它会发出像小牛一样"哞哞哞"的声音。

长颈鹿长什么样？

长颈鹿脖子长长的，腿也细细长长的，皮肤浅黄，布满美丽的块状花纹，这些块块形状大小都不一样，很像一张网。

长颈鹿的"花外套"有什么用？

这件美丽的"花外套"是一种很自然的保护色，可以让它在树丛中和树影混在一起，隐藏起来。

长颈鹿

知识小链接

拉丁语称长颈鹿为"长着豹纹的骆驼"，是不是很符合它的形象呢？

长颈鹿是高血压吗？

长颈鹿的脖子很长，要想把血液送到很遥远的大脑，它需要很高的血压才行，大约是我们成人血压的3倍，可这对于长颈鹿来说是正常的血压。

长颈鹿会得脑出血吗？

长颈鹿耳朵后面的瓣膜会随时对血压进行调整，所以它即使低下头来喝水，也不用担心血压过高，也不会出现脑出血现象。

为什么长颈鹿总是显得很悠闲？

长颈鹿在高大的灌木丛中走路，样子总是不慌不忙的，即使天敌来了也是那样，但那只是脖子长，看起来缓慢而已，其实它比谁都紧张，不信你看它灌木丛下的四只蹄子，不是在飞一般的奔跑吗？

知识小链接

长颈鹿长着一对大眼睛，加上它长得又高，这对眼睛简直能和望远镜相媲美，是它警戒时的必备武器。

长颈鹿

离不开水的动物——河马

你知道吗？

河马的寿命一般是 35 ~ 40 年。

河马为什么会流"血汗"？

它的皮肤上有一种特殊的腺体，会分泌微红色的物质，这种物质可以阻挡紫外线的伤害，是河马的"防晒乳液"，所以它的皮肤经常是红红的。

河马为什么总是待在水里？

去动物园看河马，它除了上岸吃东西，其他时间总是待在水里，因为它的皮肤很娇嫩，如果长时间脱离水的话皮肤就会干裂。在水里，它除了可以保持皮肤湿润，还可以利用水来调节自己的体温。

知识小链接

河马的耳朵、眼睛都很小，一张嘴巴却大得出奇，因此它看起来非常可爱。

河马

河马的脾气好吗？

河马平时安安静静的，可一旦发起脾气来，也会和族群里的其他河马打架，互相用牙齿咬对方厚厚的皮肤。

河马的大嘴巴厉害吗？

河马的大嘴巴咬合力惊人，在河里甚至能将船咬成两段，所以别看它平时憨态可掬的，它可是一个"危险人物"哦！

河马是好妈妈吗？

河马算得上是一位好妈妈，虽然小河马出生 5 分钟就能行走和游泳，但是头两个月，河马妈妈还是会驮着宝宝下水。而且她很愿意给宝宝喂奶，在喂奶时为了防止蚊虫骚扰宝宝，还会使劲拍打水面。

知识小链接

河马不仅皮肤很厚，它还有一层厚厚的脂肪，这使它很容易就能在水里浮起来。

河马

穿着羽绒服的动物——北极熊

你知道吗？
北极熊体形高大威猛，站立起来能有 2.8 米高。

北极熊是海洋动物吗？
北极熊是熊科哺乳动物，可不是海洋动物，它宽厚的熊掌在水中可以当"桨"来使用，所以是北极的"游泳健将"。

北极熊为什么不怕冷？
在显微镜下看北极熊的毛，可以看到它的毛都是中空的小管子，这样的小管子能够很好地吸收太阳的热量并保存起来，防止热量散失，所以北极熊就像穿着一层厚厚的羽绒服，当然不怕冷啦！

知识小链接

北极熊的毛是白色的，但它的皮肤是黑色的，这也有利于吸收太阳的热量，保持体温。

北极熊

北极熊是怎样捕猎的？

北极熊最喜欢守住海豹的呼吸孔，一等就是几个小时，只要海豹上来呼吸，就逃不过它的"魔爪"。

北极熊只会"守株待兔"吗？

北极熊在发现猎物时也会主动出击，它会先隐藏起来，再突然发动攻击，或者是先潜水，在冰下游到猎物的位置，再发动进攻。

北极熊怎么吃东西？

北极熊喜欢捕食各种海豹、海象、鱼类，在捕到猎物以后如果它们吃不完，是不会将食物储存起来以后再吃的。它甚至会只吃猎物的脂肪，然后将肉丢弃，这样做可以让它们大量地积聚脂肪，以抵御北极的寒冷，还能作为食物短缺时候的能量储备。

知识小链接

北极熊很爱清洁，在享用完美餐以后，它都会细心地"梳洗"一番。

北极熊

善于孵卵的动物——鳄鱼

你知道吗？

鳄鱼生性凶猛，是与恐龙同处于一个时代的生物。

鳄鱼会在哪儿安置巢穴？

鳄鱼妈妈会选择向阳的土坡或者背阴的沙地来安置自己的巢穴，原因是温度对鳄鱼宝宝孵化过程中性别的变化有着至关重要的影响。鳄鱼妈妈为了平衡宝宝的性别，所以会选择不同的地方来安巢。

鳄鱼坐在蛋上孵蛋吗？

鳄鱼不像鸟类那样坐在蛋上保持蛋的温暖来孵蛋，它主要让卵自行吸收阳光的热量和植物发酵产生的热量来孵化鳄鱼宝宝。

知识小链接

鳄鱼全身都是宝，它的肉、骨头、内脏、血液、盔甲、蛋，甚至是粪便都可以入药。

鳄鱼

鳄鱼是怎么"孵蛋"的？

鳄鱼妈妈将巢安置在离河边 5 ～ 10 米远的地方，会在里面产 50 枚左右的卵，这些卵被它埋在沙地下 20 ～ 50 厘米的深处。然后鳄鱼妈妈守在旁边，不时地用尾巴向巢穴上洒水以保持沙地的湿润。

鳄鱼卵是什么样的？

鳄鱼的卵是白色的，外面有一层硬壳，像鸡蛋一样，但它不是圆的，而是长形的。鳄鱼宝宝孵化大概需要 3 个月的时间。

鳄鱼为什么会流眼泪？

鳄鱼肾脏的代谢功能不是十分完善，体内多余的盐分要靠眼睛旁边的盐腺排除，所以它流泪并不是因为它伤心。

知识小链接

鳄鱼的免疫系统特别强大，它能迅速杀死入侵的病毒和细菌。科学家研究发现，它血液中有一种特殊蛋白质，具有抗艾滋病毒的作用。

鳄鱼

绅士游泳健将——企鹅

你知道吗?

企鹅肥肥胖胖的，它有两只短短的鳍，不会飞行，但可以在水里快速地游泳，有"海洋之舟"的美称。这有赖于它的光滑的皮毛减少了摩擦和阻力，两脚之间的蹼也能帮助它有力地划水。

"企鹅"的名字是怎么来的?

企鹅是一种鸟，但它们经常站在岸边伸着脖子向远方眺望，好像在企望着什么，而且从正面看，它的体形也很像"企"这个字，所以我们就叫它"企鹅"了。

企鹅有多大年龄了?

企鹅是一种很古老的生物，很可能在南极冰盖形成之前就已经生活在那儿了。

知识小链接

帝企鹅是最大的企鹅，雄性帝企鹅双腿之间有一块紫色皮肤育儿袋，能够为宝宝保暖。

企鹅

企鹅在岸上怎么走路？

企鹅虽然穿着"燕尾服"，但在陆地上它可走不快，尤其是遇到危险的时候，一摇一摆、跌跌爬爬，十分狼狈，在没有危险时，它们顶多只能靠肚子和胸脯在冰地上滑行，这是它们在陆地上最快的行走方式了。

企鹅怕冷吗？

企鹅的身体有一层厚厚的脂肪，外面的羽毛也非常防寒，南极零下几十度的温度对于它们来说只是小菜一碟。

企鹅为什么光着脚？

南极虽然天气寒冷，但也有艳阳高照的时候，光着脚可以帮企鹅散发热量，防止阳光明媚的天气里它们的身体温度过高。

企鹅

小蓝企鹅是最小的企鹅种类，身高只有40多厘米，胆子很小，一般只在夜里活动。

知识小链接

最大的鸟类——鸵鸟

你知道吗？

鸵鸟是世界上最大的鸟类。

鸵鸟会飞吗？

鸵鸟不会飞，却有一双粗壮有力的双腿，善于奔跑，这双腿和脖子、头都裸露着，经常是淡粉色的。

鸵鸟长什么样？

雌鸟的羽毛都是灰棕色的，一点也不好看，它翅膀上长羽毛纯粹是为了保温和奔跑时保持平衡。而雄鸟为了在繁殖期吸引雌鸟的注意力，长出了艳丽的羽毛，它的羽毛多是黑色，翅膀末端长着一圈波浪一样的白色羽毛，黑白搭配十分抢眼。

鸵鸟的眼睛很大，视力极好，能看清 3 ~ 5 千米远的东西。

鸵鸟

鸵鸟喜欢吃什么？

鸵鸟荤素通吃，它不仅吃鲜嫩多汁的树叶、花和果实，也吃蜥蜴、小鸟、蛇和一些昆虫，还会故意吞下一些小石子帮助消化。

鸵鸟怎么吃东西？

在低下头吃东西时，鸵鸟很警觉，时不时就要抬头看看，这让它练就了一种特殊的本领，先将食物在食道上方搓成一个小球，再顺着长长的食道咽下去。

鸵鸟跑得快吗？

鸵鸟在扇动翅膀的帮助下，一步可以跨 8 米，最高可跳 3.5 米，奔跑的速度可以达到每小时 70 千米，是鸟类中的奔跑专家。

鸵鸟

知识小链接

鸵鸟的毛高雅绚烂，经常被人们用作衣物上的装饰品，而且它的毛不带静电，摸起来十分光滑舒适。

毛色诱人的动物——火烈鸟

你知道吗？

2009 年火烈鸟被列为世界珍稀鸟类，由于湿地面积的缩减，它们的生存环境也面临着严峻的考验。

火烈鸟长什么样？

火烈鸟长得十分优雅，有长长的粉红色的腿，脖子也是细细长长呈 "S" 形弯曲着的。它的嘴巴上短下长，嘴尖是黑色的，全身的羽毛以白色为底微微泛出红色，十分鲜艳美丽。

火烈鸟吃什么？

许多鸟类喜欢吃鱼，可多数火烈鸟却不喜欢，它们喜欢吃藻类和浮游生物，有些火烈鸟甚至不愿意和鱼生活在一个池塘里，因为鱼会跟它们争食物。

火烈鸟

知识小链接

火烈鸟的胆子很小，通常喜欢很多鸟儿群居在一起，非洲的小火烈鸟群是当今世界上最大的鸟群了。

为什么火烈鸟的羽毛发红？

火烈鸟身上的红色不是自身产生的颜色，而是通过食物摄取了一种叫"虾青素"的物质，这种物质使得它的羽毛发红，虾、蟹、三文鱼中虾青素的含量最高。

火烈鸟的羽毛发红有什么作用？

雄鸟可以通过身体的红色来吸引异性，颜色越红就越容易受到异性的青睐。

火烈鸟的巢筑在哪儿？

火烈鸟喜欢将巢安在水中，它通常喜欢用泥巴在水中筑一个高出水面的土墩，然后蹲在上面产卵、孵蛋，孵蛋时还喜欢将嘴插入背后的羽毛中。

知识小链接

火烈鸟的卵是蓝绿色的，而且每次只产 1 ～ 2 枚卵。

火烈鸟

善于奔跑的美丽鸟儿——雉鸡

你知道吗？

雉鸡就是我们通常所说的野鸡。

雉鸡长什么样？

雄雉鸡的羽毛华丽异常，通常闪现着红、褐、蓝、白、黑的金属光泽，而且拖着长长的美丽尾巴，相比之下雌雉鸡的羽毛就显得极其暗淡无光了。

雉鸡会飞吗？

雉鸡可以飞行，但不能飞很远，也不能飞很高，通常飞一段就要落到地面上，落下之前还会滑翔一段距离。它们更擅长在草地上奔走，一眨眼就钻进灌木丛里不见了。

雉鸡的巢不算华丽，通常只在芦苇丛中或者是树根旁、麦田里刨一个坑，垫垫枯草就完事了。

雉鸡

雉鸡喜欢吃什么？

雉鸡是素食动物，通常吃植物的嫩叶、茎、果实和种子，它们经常成群地在农田周围和树林边缘觅食。

雉鸡是群居动物吗？

雉鸡有时会聚成十几只的小群一起觅食，雄雉鸡在求爱的时候是有自己的领地的，每只雄雉鸡都不能轻易侵犯"邻居"的求爱领地，否则就要发生激烈的争斗，直至被赶走。

雉鸡是怎样跳求爱舞的？

在繁殖期，雄雉鸡会在雌雉鸡面前尽情展现自己美丽的羽毛，它会尽量让自己的身体展开，将头颈上的羽毛蓬起来，以此博得异性的欢心。

知识小链接

雉鸡实行的是"一夫多妻"制，一只雄雉鸡会有多个"妻子"。

雉鸡

优雅的模范夫妻——天鹅

你知道吗？

天鹅是一种很重感情的鸟儿，它们一旦和爱人对上眼，就会相伴终生，直到死去。

天鹅怎样跳求爱舞？

在求爱期间，它们会学习对方做出相同的动作，如嘴撞着嘴，头靠着头，还会相互梳理羽毛。

天鹅能飞吗？

天鹅长得很像鹅，头颈很长，大约是身体的一半，羽毛洁白无瑕，嘴通常呈黑色，在游泳时常常脖子伸直，一对翅膀紧贴着身体，十分优雅。它不仅会飞，而且是飞翔冠军，能飞跃珠穆朗玛峰。

知识小链接

天鹅被人们广为称颂，曾被写入各种各样的文学作品，例如，安徒生的童话《丑小鸭》说的就是一只白天鹅的故事。

天鹅

天鹅能活多久？

天鹅的寿命一般在 20 ～ 50 年。

天鹅喜欢吃什么？

天鹅一般栖息在湖泊、水塘、沼泽边，喜欢吃水生植物的根、茎、叶，有时也吃螺壳动物和软体动物来补充能量。

天鹅是好父母吗？

天鹅不仅是"模范夫妻"，一生相伴到老，即使有一方遭遇不幸，另一方也绝不"变节"，而且它们还是称职的父母，抚育宝宝非常用心，经常能看到天鹅父母背着宝宝在水里游泳的画面。如果遭遇危险，父母还会不遗余力地保卫宝宝的安全，与敌人进行殊死搏斗。

知识小链接

国外的姓氏有一个"swan"，意思就是天鹅，以它的名字来作为姓氏，足以表现人们对它的喜爱了。

天鹅

聪明的巡航者——鸽子

你知道吗？

鸽子是和平的象征。

鸽子为什么不停地转脑袋？

鸽子的眼睛不像人类或者猫头鹰那样长在前面，而是长在头的两边，一边一个，所以它看到的只是单眼成像，必须要时不时地转动脑袋才能看清楚周围的状况。

鸽子是称职的父母吗？

鸽子爸爸其实是最称职的，它会在巢筑好以后催促、追逐着鸽子妈妈回家产卵，孵蛋的时候又会和妈妈轮流负责，等鸽子宝宝孵出来以后又会帮忙照顾幼崽。

鸽子

知识小链接

鸽子宝宝孵化以后，爸爸妈妈会同时分泌一种鸽子奶，喂养小宝宝，在出生的第一天喝了这种鸽子奶，宝宝的体重就能增加一倍。

鸽子靠什么辨别方向？

在古代通信不发达的时候，人们往往会使用"飞鸽传书"，鸽子是怎样找到家的呢？原来它们的视力很好，能看清800米以外的小东西。白天它们靠太阳来辨别方向，夜晚就靠星星和月亮认路。

天气不好时鸽子靠什么辨别方向？

如果是既没有太阳也看不清月亮的阴天、下雨天，它们就靠辨认磁场来找到回家的路。

鸽子的飞行能力怎么样？

鸽子不仅能在白天成群结队地飞行，而且在夜晚也能飞。

鸽子

知识小链接

由于鸽子有超乎想象的巡航能力和耐力持久的飞行技巧，所以常常参加各种飞行大赛。

百鸟之王——孔雀

你知道吗?

孔雀有"百鸟之王"的美称,它的羽毛美丽异常,不仅有蓝绿色,还有白色。

孔雀长什么样?

雄孔雀的尾巴很长,可以展开来形成美丽的屏,上面的羽毛多是鲜艳的金属绿色,颈子上的羽毛也很漂亮,多是金属蓝色,头上还有蓝绿色的羽冠。除了彩色的孔雀外,也有白色羽毛的孔雀,显得更为仙气。

孔雀会飞吗?

孔雀漂亮的羽毛耽误了它的飞行,加上翅膀不是十分有力,所以它飞得不是很好。

知识小链接

孔雀开屏时在前面看异常华丽,后面却不那么美观了,不信你看,它一直露着屁股呢!

孔雀

孔雀喜欢吃什么?

孔雀喜欢生活在森林、灌木地区,喜欢吃植物的种子、水果、昆虫和小爬行动物。

孔雀为什么要开屏?

每到繁殖季节,雄孔雀就会展开那五彩鲜艳、美丽缤纷的尾巴,还会不停地跳出优美的舞姿,来吸引雌孔雀的目光。

孔雀只在求爱时开屏吗?

除了求爱这个作用,孔雀的尾巴上有很多像眼睛一样的花纹,这种花纹可以麻痹敌人,让敌人望而却步,不敢贸然进攻,所以遇到危险时开屏也是一种吓唬人的手段。

知识小链接

孔雀常被人们当作善良、华贵的象征,在我国古代,它经常被诗人们吟诗称颂。

孔雀

和人类最接近的动物——猩猩

你知道吗？

猩猩是与我们人类关系最近的灵长类动物，也拥有很高的智商。它会利用工具获得食物，还会模仿和学习。

猩猩长什么样？

猩猩的手臂伸直可以有 2 米长，这让它们可以随意游荡在大树间。它们的毛长而稀疏，幼年是亮橙色的，长大以后就会变成栗色或深褐色。

猩猩是好妈妈吗？

猩猩和我们人类一样，对小宝宝的照顾是十分用心的。猩猩宝宝 3 岁才会断奶，此前一直和妈妈吃睡在一起，到宝宝 4 岁大以后妈妈才会离开，让它们单独生活。

知识小链接

几乎所有猩猩的血型都是 B 型的。

猩猩

猩猩能活多久?

在野外,猩猩通常能活到 40 岁左右,是哺乳动物中的长寿者。

猩猩喜欢吃什么?

猩猩以素食为主,喜欢吃各种植物的果实、枝叶、花蕾等,它们偶尔也吃小鸟、白蚁、蜂蜜等加点餐。

猩猩的数量多吗?

由于人类活动范围的扩大,越来越多的猩猩丧失了栖息地,过去的 100 年里,猩猩的数量减少了 91%,全球现在仅剩下 3 万只左右。猩猩生长缓慢,一只雌猩猩一生只能养育 4 个孩子,所以如果不加以保护,猩猩很快就会灭绝。

知识小链接

猩猩

猩猩非常讨厌伐木,因为伐木使森林面积减少,这是它们数量减少的主要原因之一,现在它们只能在自然保护区内获得一席之地了。

聪明的群居者——猴子

你知道吗?

除了狒狒、环尾狐猴和叟猴生活在岩石地区以外,其他猴子都是生活在树上的。

猴子喜欢吃什么?

猴子大多爱吃素食,如果实、嫩叶等,假如有不费力就可以逮到的小鸟、鸟蛋什么的,它们也很欢迎。

猴子长什么样?

猴子的种类有很多,但大多数的猴都有相同的特征,比如都有一个能卷住树枝的尾巴,方便它们在树上跳跃、觅食。眼睛长在脸的正前方,而且两只眼睛的距离较小。它们的四肢很灵活,通常一样长,或者是两后肢略长一些。基本上所有的猴子都比较机灵活泼,深得人们喜爱。

猴子

知识小链接

除了指猴、夜猴等在夜间活动以外,大多数猴子都是在白天活动的。

猴子为什么喜欢捉虱子？

在动物园里，我们经常能看到猴子们在一起互相翻弄对方身上的毛，从中捡一些小东西塞进嘴里，它们是在吃虱子吗？其实不是，那是猴子毛发里形成的小盐粒，它们互相捡食既能清洁身体，又能为自身补充矿物质。

猴子的屁股为什么是红的？

猴子屁股上有一块肉垫，没有毛，由于它们常常坐在树上玩耍和休息，屁股摩擦树枝，久而久之就成了红色。

猴子的尾巴有什么作用？

猴子的尾巴可以帮它保持平衡，而且当它在大树间游荡的时候，尾巴能住树枝防止掉下去。

知识小链接

猴子一般能活 20 年左右，雌猴一年生 2 次宝宝，每次大多只能生 1 个，少数能生 3 个。

猴子

爱清洁的动物——浣熊

浣熊长什么样？

浣熊长得很可爱，眼睛旁边黑黑的，与周围白色的皮毛形成鲜明的对比，就像戴了一个黑眼罩。它有一条大大长长的尾巴，上面有一圈一圈的环状花纹。

浣熊为什么叫"浣熊"呢？

浣熊喜欢栖息在有水的环境中，河流、湖泊或池塘附近都是它喜爱的场所，由于经常在水边捉鱼，并在水中浣洗食物，所以被人们称作"浣熊"。

浣熊会游泳吗？

浣熊不仅会游泳，而且还是游泳健将呢！它们经常成群结队地活动。

知识小链接

由于存储了大量脂肪，冬天浣熊的体重要比春天时多 1 倍。

浣熊

浣熊生活在哪儿？

浣熊的生活离不开水，经常生活在多雨潮湿的森林里，或者郊区、农田附近。

浣熊是夜行动物吗？

浣熊是夜行动物，一般白天在窝里睡觉。它喜欢把窝搭在树枝上，或者是树洞里，或者干脆在地上寻找一个土拨鼠废弃的窝。一到晚上，它就从窝里出来觅食了。

浣熊喜欢吃什么？

它们喜欢吃昆虫、蠕虫，也喜欢吃水果和坚果，最喜欢在河里捕鱼吃，偶尔还吃些鸟蛋当小甜点。

知识小链接

浣熊喜欢在夜里零点以后出门猎食，所以加拿大人称它们为"神秘的小偷"。

浣熊

本领强大的动物——蜥蜴

你知道吗?

蜥蜴不挑生活环境, 种类繁多, 世界上已知的种类超过 4000 种, 最小的只有几厘米, 如加勒比壁虎; 最大的有 3~5 米, 如科莫多龙。

蜥蜴长什么样?

多数的蜥蜴都有四条腿和一条长长的尾巴, 两个后肢肌肉发达, 能迅速爬行。

蜥蜴也会断尾巴吗?

我们知道壁虎在遇到危险的时候会断尾逃生, 虎是蜥蜴的一种, 所以许多蜥蜴在遇到危险时都会自断尾巴, 用跳动的尾巴吸引敌人的目光, 自己则逃之天天。但过不了多久, 它又会长出一条崭新的尾巴。

蜥蜴

知识小链接

很多蜥蜴都能改变自己皮肤的颜色, "变色龙"就是其中一种拥有超强变色能力的蜥蜴, 它能根据周围的环境任意变换颜色, 当然, 它的变色能力还与光照、温度、自己的兴奋程度和健康状况有关。

蜥蜴喜欢吃什么?

蜥蜴大多喜欢吃昆虫,体型大的蜥蜴也吃鸟、鱼、青蛙、老鼠等。

蜥蜴怎么捕食?

多数蜥蜴喜欢用"守株待兔"的方式捕食,静静地蹲在某个地方等待猎物出现,不过科莫多龙每天会外出几千米寻找食物。

蜥蜴有什么特殊的本领?

很多蜥蜴都有很强的变色能力,其中避役类蜥蜴更是变色本领超强,因此获得了"变色龙"的美名。它们能随时改变体色,与周围的环境相呼应,这样可以成功地隐藏自己。除了变色之外,有些壁虎类的蜥蜴还能够发出声音。

知识小链接

大多数的蜥蜴都是卵生的,它们的蛋随着蜥蜴的种类不同而大小不一。

蜥蜴

憨态可掬的动物——小熊猫

你知道吗？

小熊猫与浣熊一样十分爱清洁，它们每次吃完饭以后都要用爪子洗洗脸。

小熊猫长什么样？

小熊猫身材长得有点像猫，但比猫更加肥胖，身上的毛大多是红褐色的，脸上长着白色的斑纹，就像是画上去的图案一样。它有一条粗大的长尾巴，上面有红暗相间的环纹。它还有一对大大的三角形耳朵，平时竖在头上，略微向前伸，看上去十分可爱。

小熊猫冬眠吗？

小熊猫有一身厚皮毛，不怕冷，冬天下了雪也照常在外活动。

知识小链接

小熊猫喜欢天气好的时候蹲在大树顶上或是山崖顶上晒太阳，所以也被叫作"山门蹲"。

小熊猫

小·熊猫喜欢吃什么?

大熊猫喜欢吃竹叶，小熊猫也爱吃，不过它除了爱吃箭竹的竹叶、竹笋以外，还喜欢吃各种果子和小昆虫，尤其喜欢吃甜甜的东西。

小·熊猫凶猛吗?

小熊猫和大熊猫一样，行动迟缓，走起路来不慌不忙，性情十分温和驯良，平时很少吼叫。

小·熊猫喜欢怎么休息?

小熊猫喜欢聚集在一起，爬到树上休息，这样能躲避敌害。由于它们的脚底长有厚密的绒毛，即使是长着苔藓的树干或岩石，它们也能顺利地爬上去。

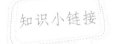
知识小链接

在过去的 50 年中，小熊猫的数量减少了 40%，现在已被列为国家二级保护动物。

小·熊猫

随身带武器的动物——刺猬

你知道吗?

别看刺猬小,它可是个"大胃王",一个晚上就能吃掉200克虫子,它还喜欢偷食农田里的西瓜,被人们叫作"偷瓜獾"。

刺猬喜欢吃什么?

刺猬喜欢吃昆虫和蠕虫,也喜欢吃青蛙、蜥蜴和鸟蛋,如果它偷吃农民的瓜果,说明它是真的很饿了。

刺猬怎么吃蚂蚁?

刺猬最喜欢的食物要数蚂蚁和白蚁了,它长长尖尖的小鼻子嗅觉十分灵敏,闻到蚂蚁或是白蚁的味道时,会用小爪子挖开洞口,将湿滑的长舌头伸进去搅一搅,就能吃到一顿美餐了。

知识小链接

刺猬和豪猪都是长刺的动物,豪猪的刺可以脱落,刺猬的刺不可以。

刺猬

刺猬的刺有什么作用？

刺猬的刺是保护自己的武器，遇到危险的时候它会全身缩起来，将刺对着敌人，让敌人无从下口。

刺猬会冬眠吗？

当气温降到 7℃时，刺猬会进入冬眠，呼吸由清醒时每分钟 50 次降到 8 次，甚至 1 分钟都不呼吸，心跳也由清醒时每分钟 200 下降到 20 下。

刺猬很胆小吗？

刺猬是一种很胆小的动物，很怕光，也怕吵，喜欢安静，一般白天隐藏在洞穴中睡觉，晚上才出来活动。

知识小链接

刺猬的鼻子尖尖的，很长，它的嗅觉十分灵敏，能不费力气就闻到虫子、老鼠、蛇的所在，为公园和菜地的优良环境出了不少力。当然了，它偶尔也会吃几颗成熟的果子，那说明它实在找不到"荤菜"吃，已经很饿了。

刺猬